EDUCAÇÃO AMBIENTAL, ÉTNICO-RACIAL E EM DIREITOS HUMANOS

Questões desafiadoras

ANTONIO WARDISON C. SILVA
BRIGIDA PIMENTEL V. DE QUEIROZ
DAISY RAFAELA DA SILVA
LUCINEIA CHRISPIM P. MICAELA
(Organizadores)

EDUCAÇÃO AMBIENTAL, ÉTNICO-RACIAL E EM DIREITOS HUMANOS

Questões desafiadoras

EDITORA IDEIAS& LETRAS

UNISAL
Centro Universitário Salesiano de São Paulo

Direção Editorial:
Marlos Aurélio

Conselho Editorial:
Fábio E. R. Silva
Márcio Fabri dos Anjos
Mauro Vilela

Revisão:
Adriana Bonone

Diagramação:
Tatiana A. Crivellari

Capa:
Leandro Cardial Dias

1ª reimpressão

EDITORA IDEIAS& LETRAS

Rua Barão de Itapetininga, 274
República - São Paulo/SP
01042-000 (11) 3862-4831
Televendas: 0800 777 6004
vendas@ideiaseletras.com.br
www.ideiaseletras.com.br

UNISAL
Centro Universitário Salesiano de São Paulo

Largo Coração de Jesus, 154
Campos Elíseos
01215-020 - São Paulo - SP

Dados Internacionais de Catalogação na Publicação (CIP)
(Câmara Brasileira do Livro, SP, Brasil)

Educação ambiental, étnico-racial e em direitos humanos: questões desafiadoras/
Antonio Wardison C. Silva, Brigida Pimentel V. de Queiroz, Daisy Rafaela da Silva, Lucineia Chrispim P. Micaela. (Organizadores).
São Paulo: Ideias & Letras, 2018.
Vários autores.
Bibliografia.
ISBN 978-85-5580-040-5

1. Direitos humanos 2. Cidadania 3. Educação Ambiental 4. Educação em direitos humanos 5. Meio ambiente 6. Relações étnico-raciais I. Silva, Antonio Wardison C. II. Queiroz, Brigida Pimentel V. de. III. Silva, Daisy Rafaela da. IV. Micaela, Lucineia Chrispim

---

18-13589 CDD-304.2

Índice para catálogo sistemático:
1. Educação ambiental 304.2

SUMÁRIO

II – EDUCAÇÃO ÉTNICO-RACIAL

III – EDUCAÇÃO EM DIREITOS HUMANOS

Apresentação

Prof. Dr. P. Ronaldo Zacharias

Ao comemorar os 20 anos de existência do Centro Universitário Salesiano de São Paulo, UNISAL, toda a comunidade educativa é brindada com a publicação de uma Obra que expressa uma das grandes riquezas dos compromissos assumidos nos últimos anos: a constituição, solidificação e atuação dos Núcleos de Educação Ambiental, Étnico-Racial e em Direitos Humanos, sob a coordenação da Pró-Reitoria de Extensão, Ação Comunitária e Pastoral.

Tais Núcleos, atuando em cumprimento aos parâmetros legais do Ministério da Educação, contribuem com a formação acadêmica e cultural de toda a comunidade educativa; constituem o elo concreto entre Ensino, Pesquisa e Extensão, com a finalidade de potencializar o papel do UNISAL como difusor de uma cultura respeitosa, promotora e defensora dos direitos, da ética e da justiça em prol da formação cidadã dos seus membros e da comunidade externa.

Esta Obra, passo significativo da ação dos Núcleos, significa também o compromisso concreto com a pesquisa; pesquisa que, ao assumir a dignidade do ser humano e o respeito à casa comum como critério de ação e opção ética, expressa a significativa contribuição que o UNISAL pode dar à sociedade e à Igreja.

Os autores, todos comprometidos com as respectivas áreas de atuação, não pretendem dar respostas exaustivas às várias questões, mas suscitar um pertinente debate sobre temas que, devido à importância que têm, podem situar o UNISAL na linha de frente da promoção do humano.

I

Educação Ambiental

1

O papel da educação ambiental no âmbito da justiça ambiental no Brasil

Patrícia Nunes Lima Bianchi[1]

Introdução

Pesquisas revelam que pessoas ou comunidades que suportam riscos ambientais maiores, como residências próximas a lixões ou aterros tóxicos, estão associadas a fatores como baixa renda, baixa escolaridade, etnia etc. Nesse contexto, a Educação, e mais especificamente a *educação ambiental*, poderá representar um instrumento valioso para a promoção tanto cultural quanto da *justiça ambiental* no Brasil, já que esta educação visa incorporar e multiplicar a informação e, por consequência, fortalecer os princípios ligados à atuação cidadã.

1 Justiça Ambiental: aspectos gerais

O termo "justiça ambiental" origina-se (década de 80) de uma demanda da comunidade de afro-americanos de Afton, Estado da Carolina do Norte – EUA, contra a instalação de um aterro de alta

1 Pós-doutoranda na Faculdade de Direito da Universidade de São Paulo – FDUSP; Doutora em Direito pela Universidade Federal de Santa Catarina – UFSC; Professora na Graduação e no Mestrado em Direito do Centro Universitário Salesiano de São Paulo, UNISAL.

toxidade e alto risco para aquela comunidade. Estudos realizados naquela época demonstraram que 75% dos aterros formados por resíduos tóxicos estavam localizados em comunidades com predominância de afro-americanos, embora tais comunidades representassem apenas 20% da população da região. Na ocasião, já se alegava a distribuição desigual dos riscos ambientais nos Estados Unidos, onde se apresentavam como mais vulneráveis as comunidades negras (BAGGIO, 2014).

Foi ainda na década de 80 que o chamado Movimento de Justiça Ambiental se constituiu nos Estados Unidos, em uma luta que agregou a defesa de questões de cunho socioambiental e territorial, em prol dos direitos civis. Aquele movimento adquiriu caráter internacional, envolvendo grupos comunitários, entidades de direitos civis, organizações de trabalhadores, igrejas e intelectuais, todos contra o chamado *racismo ambiental*. Com o advento daquele movimento, houve uma redefinição da questão ambiental, incorporando-se ao tema também as lutas por justiça social (ACSELRAD, 2009). Nesses termos, Acselrad (2009, p. 16) explica que:

> A noção de justiça ambiental implica, pois, o direito a um meio ambiente seguro, sadio e produtivo para todos, onde o "meio ambiente" é considerado em sua totalidade, incluindo suas dimensões ecológicas, físicas construídas, sociais, políticas, estéticas e econômicas. Refere-se, assim, às condições em que tal direito pode ser livremente exercido, preservando, respeitando e realizando plenamente as identidades individuais e de grupo, a dignidade e a autonomia das comunidades.

A *desigualdade ambiental* pode se manifestar tanto pela forma desigual de proteção ambiental, quanto pelo acesso desigual aos recursos ambientais. A proteção desigual dá-se com relação a não implementação de políticas públicas ambientais, causando riscos intencionais ou não, para, geralmente, a população mais vulnerável e carente. Nesses termos, Acselrad (2009, p. 73) destaca que "Se há diferença nos graus de exposição das populações aos males ambientais, isso não decorre de nenhuma condição natural, determinação geográfica ou casualidade histórica, mas de processos sociais e políticos que distribuem de forma desigual a proteção ambiental". Aqui, a pobreza apresentar-se-ia como um efeito ou resultado de um processo social determinado, e com características próprias.

Normalmente, as *causas* da desigualdade da proteção ambiental são atribuídas ao *mercado*, por meio de: empresas poluidoras que se locomovem e se instalam com certa facilidade em países em desenvolvimento; *ações ou omissões políticas*, como as omissões políticas governamentais na instalação de grandes empreendimentos poluidores; *desinformação*, já que os riscos e perigos são, na maioria das vezes, ocultados, causando-se, com isso, um retrocesso aos direitos mínimos (ACSELRAD, 2009).

Nesse contexto, a resistência aos fins (e efeitos) das grandes corporações deveria vir da união de esforços, no sentido de se exigir ou reivindicar postos de trabalho que garantam qualidade socioambiental, numa reunião de forças de vários setores sociais como sindicatos, ambientalistas, pequenos agricultores, periferias urbanas, entre outros.

A ideia é que os setores populares se organizem fortemente, com o intuito de se fomentar uma resistência à submissão a riscos ambientais e condições precárias de trabalho, num processo que tende a interromper a continuidade de reprodução das desigualdades, promovendo-se, com isso, um espaço no qual prevaleça a justiça ambiental.

Nesses termos, Baggio (2014, p. 277) explica que "a consagração de um sistema econômico capitalista foi determinante para o estabelecimento de novas relações éticas e culturais que romperam com a tradição dos costumes anterior à modernidade".

O sistema capitalista produziu debates sobre a *justiça* na modernidade, centrados na riqueza e no aumento das desigualdades sociais; no desequilíbrio e nos riscos ambientais, que impossibilitam o vislumbre da ideia de igualdade, tão defendida no período das revoluções burguesas. Com o Estado Liberal, houve a perspectiva de uma justiça distributiva, como possível solução para as mazelas sociais e econômicas pós Revoluções Industriais. Veio, então, o Estado Social, com perfil intervencionista; ainda assim, não cumpriu as promessas da modernidade (BAGGIO, 2014).

A construção de uma concepção de *justiça ambiental* deve congregar a proteção do meio ambiente e a manutenção dos direitos humanos fundamentais, onde a escolha do modelo de desenvolvimento pelo Estado leve em conta aquela justiça. Nesse contexto, faz-se necessário o estabelecimento de políticas públicas e legislativas que respeitem a distribuição equilibrada dos riscos ambientais, sem discriminação em função de variáveis, como classe social, etnia, gênero, entre outras.

Por fim, a desigualdade ambiental, referente à injustiça ambiental, requer o fortalecimento das instituições democráticas, particularmente num país fortemente marcado por desigualdades e injustiças, como o Brasil.

2 Moldura jurídica sobre a Educação Ambiental no Brasil: breves considerações

A Constituição Federal de 1988 estabelece em seu art. 205 que: "a educação, direito de todos e dever do Estado e da família, será promovida e incentivada com a colaboração da sociedade, visando ao pleno desenvolvimento da pessoa, seu preparo para o exercício da cidadania e sua qualificação para o trabalho".

De outro vértice, o inciso VI, do § 1º, do art. 225, da CF/88 estabelece que, para se assegurar a efetividade do direito ao meio ambiente ecologicamente equilibrado, incumbe ao Poder Público a promoção da *educação ambiental* em todos os níveis de ensino, além da conscientização pública para a preservação do meio ambiente.

O que impulsionou o surgimento de toda a legislação ambiental da atualidade, organizando a estrutura ambiental no país, foi a Lei nº. 6.938 de 1981. Esta lei, que trata da Política Nacional do

Meio Ambiente, estabelece no inciso X, do art. 2º, a adoção da *educação ambiental* em todos os níveis do ensino, inclusive na educação da comunidade, objetivando capacitá-la para a participação ativa na defesa do meio ambiente (LEITE; AYALA, 2004).

Atualmente, a *educação ambiental* conferida pelo Poder Público se dá de maneira descentralizada, já que os entes da Federação definem suas normas e diretrizes para a matéria, com observância obrigatória à Política Nacional de Educação Ambiental. Esta foi instituída pela Lei nº 9.795/99, onde se definiu *educação ambiental* como "processos por meio dos quais o indivíduo e a coletividade constroem valores sociais, conhecimentos, habilidades, atitudes e competências voltadas para a conservação do meio ambiente, bem de uso comum do povo, essencial à sadia qualidade de vida e sua sustentabilidade".

A Lei nº 9.795/99 determina que a *educação ambiental* deva compor – de forma essencial e permanente – a educação nacional, inserindo-se de modo articulado em todos os níveis e modalidades do processo educativo, de caráter formal ou não formal (art. 2º). Ela ainda deverá ser desenvolvida como prática educativa integrada, contínua e permanente em todos os níveis e modalidades do ensino formal, sem, todavia, ser implantada como disciplina específica no currículo de ensino (§ 1º, art. 10).

Em estudo promovido pelo Ministério da Educação, a fim de se mensurar os avanços no que concerne à expansão da educação ambiental, mediante um mapeamento de sua presença nas escolas, bem como seus padrões e tendências, Loureiro *et al* (2007) esclarecem que a educação ambiental no país é aplicada por meio de projetos, disciplinas especiais e inserção da temática ambiental nas matérias.

Contudo, em termos de amostragem, os autores destacam que o desempenho dos diversos tipos de educação ambiental apresentou variações no período de 2001 a 2004, isso porque as taxas de crescimento para este período alcançaram, aproximadamente, 90% para as modalidades "projetos" e "disciplinas especiais", enquanto que a taxa de crescimento para a "inserção da temática ambiental nas disciplinas" foi de apenas 17%. Segundo eles, "em 2001, o número de escolas que ofereciam Educação Ambiental era de, aproximadamente, 115 mil, ao passo que, em 2004, foram registradas quase 152 mil instituições" (LOUREIRO *et al*, 2007, p. 36).

Em números absolutos, essas taxas correspondem a: presença de "inserção da temática ambiental nas disciplinas", em torno de 94 mil escolas; 33,6 mil escolas ofereceram "projetos" e somente 2,9 mil desenvolveram "disciplinas especiais", em 2001. Já em 2004, os números são de 110 mil escolas: 64,3 mil escolas ofereceram "projetos" e 5,5 mil desenvolveram "disciplinas especiais". Nesses termos, concluiu-se que houve crescimento do número de escolas que realizaram educação ambiental, além de incremento no número de crianças matriculadas no ensino fundamental que têm acesso a ela (LOUREIRO *et al*, 2007).

Como observado anteriormente, a *educação ambiental* deve se dar em todos os níveis de ensino do país, com a finalidade de promover uma sociedade sustentável ambientalmente, com maior participação dos cidadãos na política nacional neste setor, bem como criação de uma sólida cultura ambiental nos campos técnico-científico e social.

A *educação ambiental* é relevante para promoção de um projeto de sensibilização da sociedade, além de fomentar o cumprimento das normas referentes ao meio ambiente. Isto porque se considera a falta deste tipo de educação como um dos maiores obstáculos para a implementação da legislação ambiental brasileira.

Contudo, a questão é saber se as classes detentoras do poder político e econômico têm interesse numa conscientização ou educação da população em geral, seja em assuntos de caráter político-cultural, seja de caráter ambiental, pois, muitas vezes, os legisladores não têm os mesmos interesses que a maioria dos agentes sociais, resguardando, assim, os interesses de grupo, devido às fortes influências que as grandes empresas exercem sobre os parlamentares.

Ao tratar da questão da educação no Brasil, Veronese assinala que "o empresariado brasileiro muito pouco investe na melhoria da educação de seu país. Escassos – embora preciosos – são os exemplos de atuação concreta da classe empresarial" (1998, p. 55).

Ante o exposto, infere-se que – enquanto não houver um comprometimento da sociedade e, sobretudo do Poder Público, com a *educação ambiental* – dificilmente a sociedade brasileira encontrará o caminho para a sustentabilidade ecológica causando, dessa forma, transtornos ambientais para as gerações presentes e futuras, bem como a consequente diminuição da qualidade de vida da população.

3 A educação e o fortalecimento da cidadania

A educação tem a finalidade, entre outras, de "formar" as pessoas para a cidadania; particularmente, desenvolver a consciência para o exercício de seus direitos e de suas responsabilidades.

A sociedade brasileira é marcada por forte desigualdade social. Soma-se a isso a situação educacional dos cidadãos que, hoje, de modo geral, ainda não pode ser considerada adequada, tendo-se em vista o descompasso entre as previsões legais sobre o tema e a realidade da população do país. Em 2009, por exemplo, no Brasil, a taxa de analfabetismo funcional atingia o índice de 20,3% (IBGE, 2015).

Tratando dos direitos sociais, Torres (2001) considera que, pelo fato de alguns autores brasileiros terem reduzido os direitos sociais aos mínimos sociais, sem lhes estender a eficácia própria dos direitos humanos, enfraqueceu a possibilidade de sua plena afirmação. Ora, as prestações positivas para o apoio aos direitos sociais não são obrigatórias, já que derivam da ideia de justiça, enquanto que o *status positivus libertatis* gera a obrigatoriedade das prestações positivas para a defesa dos direitos fundamentais. Para o autor, o *status positivus socialis* se afirma de acordo com a situação econômica conjuntural, sob a reserva do possível ou conforme autorização orçamentária.

Nesses termos, a alocação dos recursos públicos deveria ser realizada, primeiramente, pela definição do orçamento, mediante as políticas públicas, onde são contrastadas as demandas emergenciais e as prioridades a serem estabelecidas para dada realidade. Assim, a tomada de decisões alocativas seria formada por diversos critérios que, combinados, construiriam uma decisão em função dos interesses da coletividade. Estas decisões alocativas teriam um profuso grau de discricionariedade política, algo legitimado pelo voto popular e pela atuação da comunidade política (AMARAL, 2010).

Assim, dentre os critérios para administrar a escassez de recursos públicos estaria, essencialmente, a definição das *prioridades*. A finalidade residiria em organizar o uso e o acesso aos bens de modo a evitar exclusões; por isso, diante de bens escassos, a mensuração estaria na análise da urgência e da necessidade das demandas, dentro de um racionamento que projetasse tais prioridades de curto, médio e longo prazos. Estas decisões teriam caráter político, não jurídico. Seriam decisões de conveniência e oportunidade, a cargo dos Poderes que prestam contas às maiorias, como o Executivo e o Legislativo (LOPES, 2010).

Contudo, o fato é que o descumprimento de normas de caráter programático, como as normas relativas à *educação ambiental*, é de difícil sancionamento, já que tais normas estão insertas no âmbito discricionário dos governos. Assim, os direitos econômicos, sociais e culturais acabam por fazer parte de discursos retóricos e leis vazias, como se não fossem verdadeiros direitos.

Em termos de *políticas públicas educacionais*, pensa-se que a efetiva implementação destas produzirá um círculo virtuoso e seus reflexos serão sentidos em termos de desenvolvimento de uma cidadania mais madura; também, refletiriam no processo de desenvolvimento do país nos seus vários âmbitos.

A *educação* deve ser vista como direito fundamental do ser humano, porque direitos fundamentais são direitos dos indivíduos em face do Estado, se coadunando às diretrizes e características do Estado Democrático de Direito. Logo, o *direito à educação* é um direito oponível ao Estado; essa interpretação possui fulcro em dispositivos legais constitucionais e infraconstitucionais, citados anteriormente.

Assim, deve-se incentivar uma educação (ambiental) com liberdade ou emancipatória. Conforme Fávero (2004, p. 31), "só um povo educado com liberdade e para a liberdade é capaz de construir e manter um regime democrático. A escola formadora do aluno para o exercício da cidadania acolhe e incentiva o espírito crítico do educando". Essa "educação na liberdade" teria como pressuposto a consciência de que todos têm direitos iguais e por isso o respeito às decisões coletivas ocorreria naturalmente. A autora sustenta que o resultado desse processo seria o exercício da "liberdade com responsabilidade", representando um alicerce da própria democracia.

Uma *sociedade justa e solidária* é incompatível com uma *sociedade desigual*, sobretudo quando os índices de desigualdade são tão assustadores, como no Brasil. O país tem o terceiro pior índice de desigualdade do mundo, apresentando uma baixa mobilidade social e educacional entre gerações, segundo dados do primeiro relatório do Programa das Nações Unidas para o Desenvolvimento – PNUD, sobre a América Latina e o Caribe. De acordo com esse estudo, *a desigualdade de rendimentos, educação, saúde e outros indicadores persiste de uma geração a outra, e se apresenta num contexto de baixa mobilidade socioeconômica* (COLON, 2013).

O Relatório de Desenvolvimento Humano (RDH) de 2016, "Desenvolvimento humano para todos", foi lançado em março de 2017, em Estocolmo, na Suécia. No documento, o Brasil se manteve no 79º lugar no *ranking*, que abrange 188 países, do mais ao menos desenvolvido. O relatório tem como base os dados de 2015 (ONU, 2017).

O *ranking* mundial de desenvolvimento humano dos países apresenta o índice de cada nação, que varia de 0 a 1 – quanto mais próximo de um, mais desenvolvido é o país. No RDH divulgado, o Brasil registrou Índice de Desenvolvimento Humano – IDH de 0,754. Um dos itens que compõe o IDH é a expectativa de anos de estudo dos cidadãos. De 2010 a 2013, esse número subiu de 14 para 15,2 anos, mas, desde então, não aumentou, se mantendo o mesmo em 2014 e 2015 (ONU, 2017).

O Brasil parece ainda ter um longo percurso a seguir, a fim de garantir uma educação inclusiva, de acesso a todos e poder na construção da cidadania. A educação deverá ultrapassar a formação técnica e contribuir, realmente, para a superação das diferenças sociais; uma educação que supere os modelos tradicionais.

Nesse horizonte, os âmbitos jurídico e político são importantes, mas insuficientes para uma mudança na atual realidade excludente. Ainda é necessário que se promova uma gradual, mas contínua, mudança no paradigma da exclusão, reforçando-se campanhas de informação sobre o assunto, com ênfase nos princípios da cooperação e da solidariedade no âmbito social.

Por fim, sem um processo educacional que cumpra o objetivo de fortalecimento da cidadania, incluindo aqui a *cidadania ambiental*, dificilmente se estabelecerá a *justiça ambiental*, já que aquele tipo de educação é necessário e fundamental para a construção de um país com menos desigualdades nos mais variados âmbitos.

Conclusão

A questão ambiental hoje incorpora temas que envolvem lutas por justiça social. A noção de *justiça ambiental* significa o direito a um meio ambiente ecologicamente equilibrado para todos, num contexto onde esse direito possa ser livremente exercido, preservando-se a dignidade e a autonomia dos indivíduos e comunidades.

A *educação,* em especial a educação ambiental, apresenta-se como um direito humano/fundamental, um direito básico que deverá pautar políticas públicas que alicercem o Estado Democrático de Direito, no qual o ser humano ocupe a centralidade no âmbito social e do Estado.

O direito à educação representa uma tarefa e um objetivo do Estado brasileiro, a fim de se garantir o direito fundamental formalmente reconhecido; trata-se de um direito complexo, que comporta uma função defensiva e outra prestacional. Essa tarefa apresenta um grau de dificuldade peculiar no Brasil, já que compõe a nossa macrocultura, uma parte que representa a cultura do descaso, do desrespeito ao outro, sobretudo no âmbito sociopolítico, além da dificuldade que se tem no país de se exercer direitos elementares.

Numa visão macropolítica, a educação, incluindo aqui a modalidade *ambiental*, por previsão legal, é também dever do Estado, e deverá ser oferecida de forma qualitativa, com a finalidade de se obter o pleno desenvolvimento do educando, preparando-o como *cidadão*.

Trata-se, assim, de um propósito educacional com fins sistêmicos ou multifacetados, no sentido de preparar o aluno para a vida nas suas variadas faces. A *educação ambiental* como instrumento basilar para a formação de cidadãos conscientes e críticos pode ser vista como um reforço à promoção de um meio ambiente equilibrado, contribuindo ainda para a realização da chamada justiça ambiental.

Referências bibliográficas

ACSELRAD, Henri; MELLO Cecília Campello do A.; BEZERRA, Gustavo das Neves. *O que é justiça ambiental.* Rio de Janeiro: Garamond, 2009.

AMARAL, Gustavo. *Direito, escassez e escolha*: critérios jurídicos para lidar com a escassez de recursos e as decisões trágicas. Rio de Janeiro: Lumen Juris, 2010.

BAGGIO, Roberta Camineiro. *Justiça ambiental entre redistribuição e reconhecimento*: a necessária democratização da proteção da natureza. Rio de Janeiro: Lumen Juris, 2014.

BAUMAN, Zygmunt. *Tempos Líquidos*. Rio de Janeiro: Jorge Zahar Editor, 2007.

COLON, Leandro. *Brasil tem 3º pior índice de desigualdade no mundo*. O Estadão. Disponível em <http://www.estadao.com.br/

noticias/geral,brasil-tem-3-pior-indice-de-desigualdade-no-mundo,585341,0.htm>. Acesso em: 1º abr. 2013.

FÁVERO, Eugênia Augusta Gonzaga. *Direito à educação das pessoas com Deficiência.* Conferência proferida no "Seminário sobre Direito da Educação", realizado pelo Centro de Estudos Judiciários do Conselho da Justiça Federal em junho de 2004. Disponível em <http://www.cjf.jus.br/ojs2/index.php/revcej/article/viewFile/621/801>. Acesso em: 06 dez. 2016.

IBGE. Instituto Brasileiro de Geografia e Estatística. *Educação.* Disponível em <http://seriesestatisticas.ibge.gov.br/series.aspx?no=4&op=0&vcodigo=PD384&t=taxa-analfabetismo-funcional>. Acesso em: 12 abr. 2015.

LEITE, José Rubens Morato; AYALA, Patryck de Araújo. *Direito ambiental na sociedade de risco.* Rio de Janeiro: Forense Universitária, 2004.

LOPES, José Reinaldo de Lima. Em torno da "reserva do possível". *In* SARLET, Ingo Wolfgang. *Direitos fundamentais*: orçamento e reserva do possível. Porto Alegre: Livraria do advogado, 2010.

LOUREIRO, Carlos Frederico B. *et al.* Conteúdos, Gestão e Percepção da Educação Ambiental nas Escolas. *In*: TRAJBER, Rachel; MENDONÇA, Patrícia Ramos (Orgs.). *Educação na diversidade*: o que fazem as escolas que dizem que fazem educação ambiental. Brasília: Secretaria de Educação Continuada, Alfabetização e Diversidade, 2007.

ONU. Human Development Report 2016. *Human Development for Everyone.* Published for the United Nations Development Programme (UNDP). Available in <http://www.br.undp.org/content/dam/brazil/docs/RelatoriosDesenvolvimento/undp-br-HDR16%20Report.pdf> Access in August 8, 2017.

TORRES, Ricardo Lobo. *A cidadania multidimensional na era dos direitos*. *In*: MELLO, Celso de Albuquerque et al. Teoria dos direitos fundamentais. Rio de Janeiro: Renovar, 2001.

VERONESE, Josiane Rose Petry. *Entre violentados e violentadores*? São Paulo: Editora Cidade Nova, 1998.

2

Educação ambiental e a prática docente

Elaine Mendeleck[1]

Roseane de Fátima Guimarães Czelusniak[2]

Introdução

Devido aos problemas ambientais vivenciados atualmente, a sociedade está repensando as bases de sustentação do planeta (HIGUCHI E AZEVEDO, 2004) e isso impulsiona a Educação Ambiental. Nasce ou renasce, nessa circunstância, possibilidades de promoção da vida, em geral, e, com isso, de ações educativas capazes de proporcionar mudanças nas relações entre os humanos e a natureza (TEIXEIRA et al., 2011). Assim, a relação entre o ambiente e a educação assume um papel cada vez mais desafiador, demandando a emergência de novos saberes (PIOVESANA, 2011 apud GASQUES et al., 2016).

Esse capítulo visa discutir a relação entre a Educação Ambiental e a prática docente, analisando as dificuldades que impedem que os objetivos propostos por esse tema sejam atingidos de forma plena; na mesma medida, tenta propor algumas soluções para esse impasse.

---

1 Mestre em Parasitologia pela Universidade Estadual de Campinas (UNICAMP); Professora do Centro Universitário Salesiano de São Paulo (UNISAL) e do Colégio Liceu Nossa Senhora Auxiliadora.

2 Doutora em Ciências da Saúde pela Universidade de Campinas (UNICAMP); Coordenadora do Curso de Graduação em Educação Física e Membro do Núcleo de Educação Ambiental do Centro Universitário Salesiano de São Paulo, UNISAL.

1 Educação ambiental e parâmetros curriculares nacionais

A Educação Ambiental consolida-se durante a Conferência das Nações Unidas sobre o Meio Ambiente, realizada em Estocolmo, Suécia, em 1972, momento em que a sociedade tomou conhecimento dos problemas ambientais, e que os governos definiram que a saída para mudar o mundo seria a educação. Foi necessário, então, criar o termo educação ambiental devido ao afastamento do ser humano em relação à natureza (MENDONÇA, 2006).

Também, a Conferência de Tbilisi, realizada em 1977, declarou urgente a formação de educadores ambientais, bem como da interdisciplinaridade para a reflexão sobre os problemas socioambientais e a inclusão da Educação Ambiental no programa de formação de professores (BRAGA, 2010; MORALES, 2007; GUIMARÃES & INFORSATO, 2016).

O evento denominado Rio 92, realizado no Rio de Janeiro em junho de 1992, declarou a educação como a principal responsável pela construção de um mundo justo e ecologicamente equilibrado; declarou, ainda, que para consolidar tal ação, é imprescindível o desenvolvimento da responsabilidade individual e coletiva em âmbitos local, nacional e internacional (BRAGA, 2010).

Cumpre notar que a Agenda 21 aponta a necessidade da Educação Ambiental como conteúdo interdisciplinar em todos os níveis de ensino, motivando toda a comunidade a "lutar para facilitar o acesso à educação sobre meio ambiente e desenvolvimento, vinculada à educação social, desde a idade escolar primária até a idade adulta em todos os grupos da população" (ONU – AGENDA 21, 1995, p. 430). O mesmo documento apresenta-nos, ainda, que "os países podem apoiar as universidades e outras atividades terciárias e redes para educação ambiental e desenvolvimento. Devem-se oferecer a todos os estudantes cursos interdisciplinares" (ONU – AGENDA 21, 1995 p. 432).

No Brasil, a Lei n.º 9.795/99 institui a Política Nacional de Educação Ambiental (BRASIL,1999):

> Entende-se por Educação Ambiental, os processos por meio dos quais o indivíduo e a coletividade constroem valores sociais, conhecimentos, habilidades, atitudes e competências voltadas para a conservação do meio ambiente, bem de uso comum do povo, essencial à sadia qualidade de vida e sua sustentabilidade.

O Plano Nacional de Educação Ambiental – PNEA menciona que:

> A Educação Ambiental é um componente essencial e permanente da educação nacional, devendo estar presente, de forma articulada, em todos os níveis e modalidades do processo educativo, em caráter formal e não formal, como parte do processo educativo mais amplo, todos têm direito à Educação Ambiental (BRASIL, 1999, p. 01).

Assim, tanto as escolas públicas quanto as escolas privadas brasileiras, além de seguirem os princípios e as diretrizes apontados na Política Nacional de Educação Ambiental, têm seus conteúdos curriculares sob orientação e normatização dos Parâmetros Curriculares Nacionais – PCNs, sendo dessa forma institucionalizada e, portanto, efetiva do ponto de vista formal (NEVES e TOZON-REIS, 2014). Um aspecto de extrema importância, que deve ser considerado de forma cuidadosa, é o fato de que a Educação Ambiental, de acordo com os PCNs, é um dos temas transversais e deve ser trabalhada nas esferas sociais, econômicas, políticas e ecológicas. Nesta ótica, conteúdos referentes à relação homem/ambiente devem estar presentes em todas as disciplinas, uma vez que um tema transversal não possui um "*status*" de ser uma disciplina única. A proposta dos PCNs é de uma abordagem ambiental integrada, tanto entre as disciplinas quanto entre a sociedade em seus problemas específicos (DIAS, 2010).

São inúmeros os fatores que dificultam a implementação da Educação Ambiental, tal como é proposta nos PCNs. Podemos citar a falta de um "*status*" como disciplina, que acaba deixando a Educação Ambiental em segundo plano em relação aos outros conteúdos disciplinares; a pouca valorização que a educação atual dispensa à abordagem interdisciplinar, deixando os conteúdos de Educação Ambiental restritos às aulas de Ciências e Biologia, fugindo, assim, daquilo que foi proposto nos PCNs, bem como ao material didático dessas disciplinas; a dificuldade dos professores em trabalhar de forma integrada; a desvalorização financeira do professor, que obriga esses profissionais a exercerem diversas atividades em diferentes estabelecimentos de ensino para obterem retorno financeiro, ficando sem tempo para prepararem atividades eficientes relativas à Educação Ambiental; a falta de capacitação dos docentes, tanto teórica quanto metodológica, para trabalharem com as questões relativas ao tema.

2 A formação do educador ambiental

Medina (2002) apresentou as seguintes características que deveriam fazer parte do perfil do educador ambiental ideal:

CARACTERÍSTICAS DETERMINADAS PARA A FORMAÇÃO EM EDUCAÇÃO AMBIENTAL		
Físico-emocionais	Sociopsicológicas	Pessoal-intelectuais
• Autoestima • Aceitação de si mesmo e dos outros • Confiança em si mesmo • Gosto pelo novo • Experimentação • Criatividade • Pouca resistência às mudanças	• Boas relações sociais e de amizade • Companheirismo • Capacidade para interações sociais e intelectuais • Trabalho em equipe • Solidariedade • Cooperação • Aceitação das diferenças • Capacidade de negociação e consenso	• Prazer na estimulação intelectual • Aceitação e busca de novos conhecimentos • Gosto pelos desafios teórico-práticos • Capacidade técnica de inovação metodológica e tecnológica

Assim, Medina (2002) divide o trabalho docente em Educação Ambiental em três níveis:

Nível 1: Relativo a valores. São as bases éticas, políticas e filosóficas, nas quais o professor fundamenta sua ação docente;

Nível 2: Conhecimento pedagógico e didático de sua disciplina;

Nível 3: É uma síntese dos níveis anteriores. Refere-se como o professor educa em sua prática cotidiana, que conceitos maneja, como trabalha, como avalia etc.

Apesar de entendermos a Educação Ambiental como uma troca de saberes entre docentes, alunos e comunidade, é inegável o papel do professor como um catalisador de todo esse processo. Dessa forma, torna-se extremamente necessário que os docentes estejam devidamente instrumentalizados para exercerem sua função de motivadores dentro do processo de ensino e aprendizagem.

Essa instrumentalização deve se iniciar na universidade e se prolongar por toda a vida profissional do docente. Contudo, cumpre notar que essa defasagem se inicia dentro da própria universidade, que tem encontrado inúmeras dificuldades para, de acordo com Guimarães e Inforsato (2011, p. 54):

> ...formar "ambientalmente" profissionais que, por sua atividade, interfiram de alguma maneira na qualidade do meio ambiente. Entendemos que, em última instância, é a qualidade do meio ambiente que vai garantir a qualidade de vida em uma sociedade justa. Pensar na formação de professores como educadores ambientais nos cursos de graduação (licenciaturas) das universidades significa ter como referência a ideia de totalidade (ambiental, política, pedagógica social, científica etc.) na diversidade dessas áreas...

De acordo com Morin (apud GUIMARÃES e INFORSATO, 2011), a universidade tem a missão de regenerar uma herança de saberes, valores, ideias etc. e integrá-los, memorizá-los, reexaminá-los e atualizá-los, gerando, assim, novos valores e saberes que passarão também a fazer parte dessa herança. Contudo, não existe ainda uma herança relacionada à Educação Ambiental.

A Lei de Diretrizes e Bases da Educação Nacional, Lei n.º 9.394/96 – LDB no seu Capítulo IV, Artigo 43, que trata das finalidades do Ensino Superior, enuncia oito incisos que contêm as finalidades desse nível de educação. Nenhum desses incisos se refere de alguma forma à Educação Ambiental; o segundo deixa claro que a finalidade do Ensino Superior é formar pessoas em diferentes áreas do conhecimento que estejam aptas a se inserirem em setores profissionais e participarem do desenvolvimento da sociedade brasileira (GUIMARÃES & INFORSATO, 2011). Fica evidente a urgência de uma reforma em todos os níveis da estrutura universitária, reforma essa que levaria a uma mudança na mentalidade dos diplomados nessas instituições, os quais estariam aptos a realizar mudanças eficazes na sociedade em que vivem.

Guimarães e Inforsato (2011), por sua vez, apresentam a necessidade de as universidades e os cursos de formação de professores institucionalizarem a Educação Ambiental como disciplina e se preocuparem, também, em incluir a dimensão ambiental em todo o currículo. A disciplina Educação Ambiental já faz parte do currículo de cursos como o de Pedagogia, mas sua inclusão nos demais currículos ainda é um objetivo a ser alcançado. Apenas dessa forma a transversalidade exigida pelos PCNs pode se tornar uma realidade concreta.

No tocante às dificuldades em lidar com a transversalidade, Bursztyn (2001) apud Guimarães e Inforsato (2011) indica que a relação da universidade com as questões associadas ao meio ambiente apresenta uma história de dificuldades, devido às tendências apresentadas pelas universidades em valorizar as especificidades e deixar de lado perspectivas pluralistas, dificultando a criação de propostas interdisciplinares. Dessa maneira, o tema meio ambiente chega à universidade de forma compartimentalizada e acoplada a várias disciplinas: Engenharia Ambiental, Direito Ambiental, Educação Ambiental, Sociologia Ambiental, História Ambiental. Contudo, tais disciplinas não se comunicam e, portanto, se tornam incapazes de produzir resultados.

Para Guimarães e Inforsato (2011, p. 58):

> A educação, em especial a universitária, deve assumir a sua responsabilidade, para que a Educação Ambiental seja incorporada à educação geral, começando pela infantil. É preciso que os professores sejam primeiramente formados em outras bases, com uma percepção que ultrapassa a manipulação de conteúdos ecológicos. Nem é lógico exigir que um professor trabalhe ideias, conceitos, valores, habilidades e atitudes que colaborem com a formação de uma sociedade ambientalmente responsável, se ele não foi assim formado e nem recebeu formação continuada para isso.

Durante certo tempo, o papel da Educação Ambiental restringiu-se a uma perspectiva preservacionista. No entanto, levada a transitar pela intrincada teia de conhecimentos políticos, éticos, econômicos, culturais, entre outros, precisou ir além do reducionismo das práticas esporádicas que não produziram, efetivamente, alterações nos padrões de consumo e na maneira de viver da sociedade globalizada.

Soares da Costa e Loureiro (2015) também observam que, na Educação Ambiental, a defesa da interdisciplinaridade é observada em várias Leis e documentos normativos e citam como exemplo a Política Nacional de Educação Ambiental (PNEA), Lei n.º 9.795/99, Parâmetros Curriculares Nacionais, Diretrizes Curriculares Nacionais de Educação Ambiental, publicadas em 2012.

A interdisciplinaridade compreende uma maneira de articulação de saberes docentes de forma a proporcionar uma melhor compreensão do tema abordado, mesmo que façam parte de disciplinas distintas. A Educação Ambiental promove essa interdisciplinaridade ao lado do aprendizado contínuo e sensibilização social quanto à preservação do meio ambiente (GUILHERME *et al.*, 2017). Com relação à interdisciplinaridade, os autores apontam as seguintes causas para que essa prática não tenha sido utilizada pelos docentes pesquisados em suas atuações pedagógicas, sendo elas: suas disciplinas não favoreciam esse tipo de ação; problema com a infraestrutura; falta de motivação/disposição; ausência de parcerias e falta de apoio da coordenação da escola.

As pesquisas realizadas por Guilherme *et al* (2017) mostram que grande parte dos professores que participou de seus estudos tinha vontade de se especializar em Educação Ambiental, sendo que muitos já possuíam envolvimento com projetos nessa área, contudo, apontavam como dificuldades motivos idênticos aos obtidos por Neto e Amaral no mesmo ano: falta de aparelhamento das Escolas; capacitação do professor dentro da área; suporte financeiro; falta de interação entre as disciplinas e resistência dos professores em considerar que EA é de responsabilidade exclusiva do professor de Ciências.

Neto e Amaral constataram que as dificuldades apontadas pelos professores de seu estudo:

> Não são diferentes, em maior ou menor escala, daquelas encontradas em outros municípios do país. A superação dessas dificuldades, em nível local ou nacional, demanda ações que vão desde a otimização de infraestrutura nas escolas até a valorização profissional dos docentes, o que inclui programas de formação bem estruturados e com objetivos definidos (2011, p. 135).

Os autores também mostram que a prática docente, associada à formação continuada, torna o educador mais flexível e seguro para abordar temas diferentes, que, ao serem unidos, ampliam a compreensão da importância do conteúdo para a sociedade, além de melhorar a atuação do professor a condições adversas que podem vir a ocorrer em sala de aula.

Uma educação crítica tem por meta a transformação do mundo, a busca por encaminhamentos para problemas reais que afligem a sociedade da qual a escola faz parte. Essa abordagem envolve a discussão de questões controversas e a tomada de ações concretas ou caminhos de intervenção na realidade. E isso implica em uma formação propositiva, capaz de provocar mudança na própria forma de lidar com os problemas contemporâneos, pautada por uma educação que busque explicitar aspectos da criticidade, complexidade e reflexividade (STRIEDER *et al,* 2016). Para se tornar um professor capaz de atuar num contexto de Educação Ambiental crítica, é preciso que esse profissional mobilize saberes e práxis que vão além dos conceitos disciplinares de sua matéria específica, hábil para compreender a totalidade e complexidade que fazem parte da realidade que o cerca (NEVES & TOZONI-REIS, 2014). Por isso, é apontada como um dos entraves a uma efetiva implementação da Educação Ambiental na educação brasileira, a formação dos professores e o currículo escolar (STRIEDER *et al*, 2016).

Particularmente e, no que se refere à formação dos professores da Educação Básica, Strieder *et al,* (2016) entendem que a capacitação de tais profissionais deve ser desenvolvida com pesquisadores e licenciandos, sempre no sentido de gerar uma reflexão do contexto cultural em que se encontram, buscando soluções para os problemas enfrentados na escola. Assim, deve-se conceber a formação de professores, como um processo contínuo, que tem início na graduação, mas que vai além dela, prolongando-se ao longo de toda a vida, uma vez que é na prática que os saberes sobre o ensino ganham significados efetivos.

Freire *et al* (2016) levantam a necessidade de discussões que conduzam à reflexão sobre o que significa formar um educador ambiental crítico. Essas discussões englobaram quatro aspectos:

a) Espaços de formação de professores/educadores ambientais e construção de identidade. A identidade não estaria apenas, segundo as autoras, vinculada à formação acadêmica de professores e educadores, como também, do ponto de vista teórico. Seria entendida como um processo de mudança e transformação. No Brasil, onde a formação é muito focada na área biológica, apesar de não estar restrita a uma área disciplinar, a identidade do educador em Educação Ambiental não é construída na graduação, ao contrário de países como a Colômbia, onde, ao final do curso de graduação, os egressos já saem com alguma identidade de educador ambiental. As autoras citam levantamentos realizados por

Juliani *et al* (2014) sobre a inserção da Educação Ambiental na universidade, por meio da criação de uma disciplina específica de EA; por meio de disciplinas afins e/ou por meio de modificações curriculares profundas. Contudo, os autores acreditam que o privilégio de determinados conteúdos pode *gerar práticas para a manutenção da ideologia dominante e não para a construção de uma EA pautada em diferente racionalidade que não a técnica.* Uma solução seria a criação de espaços alternativos dentro do currículo da própria formação superior;

b) Legitimação de espaços de formação de professores e educadores ambientais dentro da universidade. A formação de um professor/educador ambiental crítico não deve se restringir às disciplinas curriculares; deve envolver grupos de estudo e pesquisa voltados para as questões ambientais, desenvolvimento de ações com a comunidade, utilização do Programa Institucional de Bolsas de Iniciação à Docência (PIBID);

c) Formação em pesquisa do educador ambiental. Uma intenção crítica no ato de pesquisar direcionará a uma formação crítica do pesquisador – educador. A pesquisa, por sua vez, oferece aportes interessantes levando o pesquisador a avançar nos horizontes de leitura da realidade. Esse processo leva à formação de indivíduos, com maior percepção da realidade e, portanto, mais capazes de transformá-la.

Toda essa indefinição referente à formação dos professores impactará diretamente em sua prática pedagógica. Um exemplo disso está em uma análise feita por Teixeira *et al* (2011) referente à educação ambiental no contexto escolar. Os autores citam as análises feitas por Guimarães (2006), relativas às práticas educativas dos professores: Guimarães verificou que as práticas mais comuns são aquelas relacionadas a ações e resoluções de problemas ambientais pontuais, no contexto em que a escola está inserta. Concordamos com os autores ao sugerirem que esse tipo de ação não considera o enfrentamento sócio-histórico do problema.

d) Educação ambiental. A Educação Ambiental deve: 1) provocar mudança de comportamento – disciplinatória e moralista; nesse caso, a educação por si só teria o poder de resolver todos os problemas da sociedade. De acordo com Guimarães (2016), esse tipo de proposta postula que a transformação da sociedade é consequência da transformação de cada indivíduo, secundarizando as relações sociais; 2) voltar-se para a sensibilização ambiental: ingênua e imobilista; centrar-se na ação: ativista e imediatista; transmitir conhecimentos ecológicos – racionalista e instrumental; 3) fomentar um processo de conscientização: política-transformadora. Guimarães (2016) considera esse tipo de Educação Ambiental aquela em que a transformação da sociedade é causa e consequência da transformação de cada indivíduo, e essa reciprocidade propicia a transformação de ambos. O educador e o educando atuariam como agentes sociais de transformação da sociedade.

Cada uma dessas abordagens tem referenciais epistemológicos, filosófico-políticos e pedagógicos diferentes que, quase sempre, são determinados pela organização da sociedade (TEIXEIRA *et al,* 2011). Essas diferenças na abordagem, somadas ao fato de que os professores que trabalham com projetos de EA são pessoas com crenças, valores e histórias de vida diversas e que se relacionam com seus pares e alunos em função do conhecimento (MARTINS, 2017), conduzem a práticas pedagógicas com resultados diferenciados.

3 Educação ambiental e a prática docente

De acordo com Martins (2017), a escola é um espaço complexo, com contradições e conflitos permanentes e visíveis, plural, recursiva, singular, divisível e histórica. Nela, professores são capazes de refletir sobre suas ações e as ações de seus alunos, transformando a si e aos outros.

Segundo Guimarães (2016), em 2004, os resultados de uma pesquisa realizada pelo Inep mostravam que 94% das escolas brasileiras reconheciam trabalhar Educação Ambiental. Também é um fato que um número cada vez maior de crianças mostra algum tipo de aproximação com as questões ambientais e os professores estão cada vez mais tratando dessas questões em suas aulas, além de ONGs e empresas com maior envolvimento em ações de EA. Contudo, pode-se observar que a sociedade degrada muito mais do que há 20 ou 30 anos, o que leva ao questionamento da eficácia da Educação Ambiental na sociedade atual. Tais resultados geram alguns questionamentos sobre o tempo necessário para se perceber os resultados dos processos de Educação Ambiental, sendo eles a ausência de uma produção acadêmica voltada para a EA na educação básica; a falta de material didático para o desenvolvimento dessa prática no cotidiano escolar; a falta de preparo dos educadores para a EA; a falta de fóruns de discussões sobre EA na sociedade, para que se dê uma formação continuada dos educadores (GUIMARÃES, 2016).

Pesquisas realizadas por Martins (2017) mostram que projetos de EA esbarram em dificuldades relacionadas à alta rotatividade de professores, principalmente nas escolas públicas, às mudanças de equipe gestora e ao desconhecimento, por parte dos professores, dos princípios norteadores da EA. Muitos professores apresentaram dificuldades em definir meio ambiente, restringindo-se aos aspectos físicos e biológicos do conceito, sem nenhuma referência ao papel do homem para a manutenção de uma sociedade sustentável. Flores *et al* (2016) evidenciam que as escolhas dos conteúdos tratados em sala de aula podem estar mais vinculadas à divulgação dos temas na mídia; em sua maioria, desenvolvidos em sala de aula, seguido pelo pátio e, em raros casos, na rua. Os recursos utilizados envolvem aulas expositivas, filmes, teatros, livros de história, revistas, palestras, mostras de trabalhos realizados pelos alunos e gravuras. Tais práticas, dificilmente, são eficazes no desenvolvimento ambiental, na promoção de uma capacidade reflexiva e na adoção de práticas que possibilitem contribuições (LINHARES & REIS, 2016).

Projetos desenvolvidos nas escolas rurais teriam uma eficácia maior, pois, além de mais voltados para os problemas da comunidade na qual essas escolas estão insertas, possuem professores que permanecem por mais tempo nas instituições de ensino e, por consequência, apresentam um maior grau de união entre si, possuem um número menor de alunos, permitindo um aprofundamento maior nas discussões e ações mais efetivas (MARTINS, 2017).

Outra questão apontada por Martins (2017) está relacionada ao dilema conteúdo referente à Educação Ambiental. Essa preocupação vem do fato de que a formação de professores tende a reduzir a complexidade da realidade, no momento em que compartimentaliza o fragmentado conhecimento, tornando-o especializado e que nos remete ao conceito de *proletarização do professor* (CONTRERAS, 2002). Esse conceito mostra que, nas últimas décadas, professores têm sido levados à perda de sua autonomia. Devido à racionalização do ensino, observa-se uma crescente desqualificação, a perda de controle do próprio trabalho, a rotinização do trabalho, o impedimento do exercício da reflexão, o isolamento e estímulo ao individualismo; enfim, a perda total da autonomia professoral. Ao sair das mãos dos professores, esta autonomia passa a ser exercida por uma supervisão externa ao seu trabalho, fazendo com que o professor passe ao papel de consumidor de "pacotes" de ensino elaborados por especialistas. Assim, formado para ministrar um único componente curricular e orientado por uma organização baseada em disciplinas específicas, o professor vê-se "preso" ao conteúdo a ser cumprido (MARTINS, 2017). Tal angústia pode ser ilustrada por meio do depoimento de um professor durante a pesquisa desenvolvida por Martins (2017, p. 139):

> Cada um tem a sua disciplina, nós acabamos nos voltando muito para o tal do conteúdo. Então, têm-se projetos que acabam se misturando de certa forma, a gente tem até que dar uma freada nisso. [...] Então, quando se fala no projeto, no argumento ninguém discorda, está tudo muito bom. Só que, de fato, você se voltar para isso, assim, no dia a dia, é meio complicado. [...] O meu conteúdo é muito longo (E1P4, entrevista em 05/07/2010).

Para desenvolver programas de EA, uma condição imprescindível por parte do professor é desenvolver qualidades específicas para trabalhar em equipe (MEDINA, 2002). A pesquisa de Martins (2017) também reforça o fato de que a interdisciplinaridade, tão necessária para o desenvolvimento de uma EA mais eficiente, exige um reposicionamento do professor tanto em relação à concepção dos conteúdos dos projetos quanto às ações necessárias para implementá-los. Essas mudanças devem ocorrer não só do ponto de vista acadêmico, mas também das crenças e valores do docente. Além disso, trabalhos realizados por diferentes disciplinas exigem tempo para sua elaboração em conjunto, tempo esse que a maioria dos professores, sobrecarregados por jornadas duplas e às vezes triplas de trabalho, não dispõe. As reuniões pedagógicas, que poderiam ser espaços utilizados para esse fim, estão tomadas por questões administrativas, deixando pouco tempo para as questões pedagógicas.

Diante da problemática que permeia a prática da Educação Ambiental nas escolas, vários trabalhos desenvolvidos por uma série de pesquisadores propõem algumas ações que podem ser tomadas para a concepção de uma EA realmente crítica (LOUREIRO & COSSIO, 2007; AZEVEDO & FERNANDES, 2009; BRAGA, 2010; TEIXEIRA *et al*, 2011; GUIMARÃES, 2016; LIMA *et al*, 2016; MARTINS, 2017). São elas:

a. Investir na formação inicial e continuada de professores em parceria com a Universidade, criando o hábito de consultar trabalhos e pesquisas produzidos nessas instituições e não apenas o material didático adotado para as aulas;
b. Instrumentalizar o professor com metodologias apropriadas para o ensino da EA em sua prática docente;
c. Preparar o professor para a interdisciplinaridade, tanto durante sua formação acadêmica, quanto continuada;
d. Propor a reestruturação de currículos, visando preparar os docentes para a Educação Ambiental;
e. Permitir a participação dos docentes na elaboração de currículos e políticas voltadas para a EA;

f. Criar condições para que os docentes desenvolvam práticas pedagógicas realmente críticas e que contribuam para uma sociedade socioambiental sustentável. Tais condições só seriam possíveis por meio da implementação dos três itens que antecedem este;
g. Tornar a Coordenação Pedagógica um verdadeiro espaço para a reflexão e parceria da prática pedagógica;
h. Oferecer suporte financeiro e administrativo para a realização de projetos;
i. Criar condições para que os professores superem armadilhas paradigmáticas, as quais levam o professor a pensar e agir de acordo com códigos preestabelecidos;
j. Por fim, para criar ambientes educativos que realmente resultem em projetos pedagógicos que, nos dizeres de Guimarães (2017), *Resultem em projetos pedagógicos que realmente vivenciem o saber, um fazer cientificamente consciente de intervenção na realidade, por práticas refletidas, problematizadoras e diferenciadoras, que se fazem influentes na cidadania.*

Conclusão

A partir das considerações apresentadas nesse capítulo, torna-se clara a necessidade de uma maior compreensão sobre a relação teoria e prática nos processos formativos de professores para atuarem, conscientemente, como educadores ambientais. Nesse contexto, é fundamental que os processos formativos viabilizem espaços para a problematização dos assuntos ambientais e capacitem os educadores a lidarem com os desafios que o currículo escolar e a própria prática docente impõem para uma correta implantação da Educação Ambiental Escolar.

Referências bibliográficas

AZEVEDO, D. S.; FERNANDES, K. L. F. Educação Ambiental na escola: um estudo sobre os saberes docentes. In *Revista Educação em Foco*, Juiz de Fora, v. 14, n. 2, p. 95-119, 2009.

BRASIL. *Plano Nacional de Educação Ambiental – PNEA*, 1999.

BRASIL. *Lei nº 9.795, de 27 de abril de 1999.* Disponível em: <http://www.planalto.gov.br/ccivil_03/LEIS/L9795.htm>. Acesso em: 17 jul. 2017.

BRAGA, A. R. *Meio ambiente e educação*: uma dupla de futuro. Campinas, SP: Mercado de Letras, 2010.

CASTRO ROSO, C.; AULER, D. A participação na construção do currículo: Práticas educativas vinculadas ao movimento CTS. In *Ciência & Educação*, Bauru, v. 22, n. 2, 2016.

CARVALHO, I. C. M. *Educação ambiental*: a formação do sujeito ecológico. São Paulo: Cortez, 2012.

CONTRERAS, J. A autonomia ilusória: o professor como profissional técnico. ______. *A autonomia de professores*. São Paulo: Cortez, 2002.

DIAS, B. C. *Educação Ambiental e os Parâmetros Curriculares Nacionais (PCN).* Disponível em: <https://eacritica.wordpress.com/2010/12/29/educacao-ambiental-e-os-parametros-curriculares-nacionais-pcn/>. Acesso em: 15 jul. 2017.

FLORES, J. M.; BARBOSA, B. W.; da SILVA, J.C.B.R.; NUNES, R.S.G.; VIEIRA, F.C.B.; WEBER, M.A. *Conhecendo à percepção de professores sobre educação ambiental em uma escola de ensino fundamental.* Anais do Salão Internacional de Ensino, Pesquisa e Extensão, v. 7, n. 3, 2016.

FREIRE, L.; FIGUEIREDO, J.; GUIMARÃES, M. O papel dos professores/educadores ambientais e seus espaços de formação. Qual é a educação ambiental que nos emancipa? In *Pesquisa em Educação Ambiental*, v. 11, n. 2, p. 117-125, 2016.

GASQUES, A. C. F.; OKAWA, C. M. P.; dos SANTOS, J. D.; GASQUES, E. G. F. DELABIO, F. Educação Ambiental: Estudo de caso em dois Colégios Estaduais da cidade de Sarandi (PR). In

Revista Brasileira de Educação Ambiental (RevBEA), v. 11, n. 5, p. 123-138, 2016.

GOUVÊA, G. R. R. Rumos da formação de professores para a Educação Ambiental. In *Educar em revista*, n. 27, 2006.

GUILHERME, L. S.; SANTOS, P. S.; OLIVEIRA, J. L. S.; CAVALCANTE, A. F. B. A.; SILVA, E. A interdisciplinaridade e a prática docente. In *Revista Cereus*, v. 9, n. 1, p. 3-17, 2017.

GUIMARÃES, M. Armadilha paradigmática na educação ambiental. In: LOUREIRO, Carlos Frederico Bernardo; LAYRARGUES, Philippe Pomier; CASTRO, Ronaldo Souza de (Orgs.). *Pensamento complexo, dialética e educação ambiental.* São Paulo: Cortez, 2006.

______. *A formação de educadores ambientais*. 3. ed. Campinas: Papirus, 2007. (Coleção Papirus Educação).

_______. Por uma educação ambiental crítica na sociedade atual. In *Revista Margens Interdisciplinar,* v. 7, n. 9, p. 11-22, 2016.

GUIMARÃES, S. S. M.; INFORSATO, Edson do Carmo. A universidade e as questões ambientais: a formação de professores em destaque. *Títulos não-correntes*, 2012.

HIGUCHI, M. I. G.; AZEVEDO, G. C. Educação como processo na construção da cidadania ambiental. In *Revista Brasileira de Educação Ambiental*, Brasília, v. 1, p. 63-70, 2004.

JULIANI, S. F.; FREIRE, L.M.; GARCIA, E.; REZENDE FILHO, L. A. C. Inserção da Educação Ambiental na formação inicial docente: levantamento de publicações. In *Revista Tecné, Episteme y Didaxis*, Bogotá, v. NE, p.1555-1562, 2014.

LIMA, S. M. P.; MIRANDA, M. H. R. Prática docente, pesquisa e iniciação científica: um olhar para questões ambientais na escola pública. In Revista Ambivalências, v. 3, n. 6, p. 237-254, 2016.

LINHARES, E.; REIS, P. *Agir e sensibilizar*: práticas de educação ambiental na formação inicial de professores. 27 Encuentros de Didáctica de las Ciencias Experimentales, p. 1557-1564, 2016.

LOUREIRO, C. F. B.; COSSÍO, M. F. B. Um olhar sobre a educação ambiental nas escolas: considerações iniciais sobre os resultados do projeto “O que fazem as escolas que dizem que fazem educação ambiental”. In: TRAJBER, R.; MELLO, S. S. *Vamos cuidar do Brasil*: conceitos e práticas em educação ambiental na escola. Brasília: Ministério da Educação, Coordenação Geral de Educação Ambiental: Ministério do Meio Ambiente, Departamento de Educação Ambiental: UNESCO, 2007.

MARTINS, S. F. *A educação ambiental em escolas da rede pública*: teoria e prática do professor do ensino fundamental, 2017.

MEDINA, N. M. *Formação de multiplicadores para educação ambiental.* O contrato social na ciência unindo saberes na educação ambiental. Petrópolis: Vozes, 2002.

MORALES, A. G. M. O processo de formação em educação ambiental no ensino superior: trajetória dos cursos de especialização. In *REMEA-Revista Eletrônica do Mestrado em Educação Ambiental*, v. 18, 2013.

NETO, A. L. G. C.; DO AMARAL, E. M. R. Análise de concepções e visões de professores de ciências sobre educação ambiental. In *Pesquisa em Educação Ambiental*, v. 6, n. 2, p. 119-136, 2012.

NEVES, J. P.; TOZONI-REIS, M. F. C. *Desafios para a inserção da Educação Ambiental na escola*: em questão a carência formativa do professor a partir de duas pesquisas diagnósticas. Educação Ambiental a várias mãos: educação escolar, currículo e políticas públicas. São Paulo: Junqueira & Marins Editores, 2014.

ONU. *Biblioteca Digital Câmara*. Disponível em <http://www.onu.org.br/rio20/img/2012/01/agenda21.pdf> Acesso em 17 jul. 2017.

REVISTA NOVA ESCOLA. *O educador ambiental ensina por suas atitudes*. 2006. Disponível em: <http://revistaescola.abril.com.br/ciencias/fundamentos/rita-mendonca-educador-ambiental-ensina-suas-atitudes-426107.shtml>. Acesso em: 13 jul. 2017.

SOARES DA COSTA, C. A.; LOUREIRO, C. F. B. Interdisciplinaridade e educação ambiental crítica: questões epistemológicas a partir do materialismo histórico-dialético. In *Ciência & Educação* (Bauru), v. 21, n. 3, 2015.

STRIEDER, R. B.; WATANABE, G.; SILVA, K. M. A.; WATANABE, G. Educação CTS e Educação Ambiental: ações na formação de professores. In *Revista de Educação em Ciência e Tecnologia*, v. 9, n. 1, p. 57-81, 2016.

TEIXEIRA, L. A.; TOZONI-REIS, M. F. de C.; TALAMONI, J. L. B. A teoria, a prática, o professor e a educação ambiental: algumas reflexões. In *Olhar de professor*, v. 14, n. 2, 2011.

TOZONI-REIS, M. F. de C. Formação dos educadores ambientais e paradigmas em transição. In *Ciência & Educação* (Bauru), v. 8, n. 1, p. 83-96, 2002.

3

A ressonância entre a Política de Educação Ambiental do UNISAL e as experiências de aprendizagem

Bárbara Zini Ramos[1]
Marisa Franzoni[2]

Introdução

As indagações em torno do meio ambiente, fundamentalmente, iniciaram-se no século XIX, quando, em 1869, Ernst Haeckel – zoologista alemão – propôs o vocábulo "ecologia" para os estudos das relações entre espécies e seu ambiente (MMA, 2017). No entanto, somente em 1948, com a fundação da União Internacional para a Conservação da Natureza, na Suécia, foi possível observar o início das preocupações dos seres humanos em proteger o meio ambiente, bem como a sobrevivência das espécies (IUCN, 2017).

No âmbito internacional, a expressão "Educação Ambiental" foi, primeiramente, utilizada em 1965, na Conferência de Educação da Universidade de Keele, na Grã-Bretanha, sendo que, apenas em 1974, na Finlândia, se reconhece a Educação Ambiental como uma educação integral e permanente para a proteção

1 Doutora em Ciência do Solo pela Universidade Federal de Lavras-UFLA; Professora do Centro Universitário Salesiano de São Paulo, UNISAL, Unidade Campinas/São José.
2 Doutora em Educação pela Universidade de São Paulo-USP; Professora do Centro Universitário Salesiano de São Paulo, UNISAL, Unidade Campinas/São José.

ambiental. Neste sentido e no que se refere ao cenário nacional, a Educação Ambiental como elemento base ao combate à crise ambiental no mundo somente foi reconhecida em 1988, pela Constituição Brasileira, em seu Capítulo VI, destacando a necessidade de "*promover a Educação Ambiental em todos os níveis de ensino e a conscientização pública para a preservação do meio ambiente*" (art. 225, parag. 1. Inciso VI). Foi nesse momento que a Educação Ambiental no Brasil, para cumprimento dos preceitos constitucionais, leis federais, decretos, constituições estaduais e leis municipais, tornou-se obrigatória (MMA, 2017; BRASIL, 1988).

Este capítulo procura refletir sobre a Educação Ambiental, revisitando e revisando alguns conceitos para, com isso, apontar a ressonância da Educação Ambiental na perspectiva de uma experiência fomentada pelos professores do UNISAL, com seus alunos; na mesma medida, investigar de que forma esta experiência se sustenta a partir da Política de Educação Ambiental da Instituição. Em outras palavras, este capítulo quer apresentar uma experiência de aprendizagem bem-sucedida por parte dos envolvidos (alunos e professores), a partir de um estudo mais aprofundado da Política de Educação Ambiental, apontando possíveis formas de implementar e aprimorar ações voltadas à Educação Ambiental.

Ao se referir a uma experiência profunda, por exemplo, evoca-se a concepção de algo realizado e que permanecerá, será lembrado ou ressonado. Diante disso, adotou-se a palavra "ressonância" no título do presente estudo, na perspectiva de trazer a ideia de ecoar, repercutir (FRANZONI, 2004).

1 Crise socioambiental e educação ambiental

A crise socioambiental no cenário planetário vem ganhando proporções alarmantes que se infundem na sociedade. O desenvolvimento capitalista atingiu patamares de destruição ambiental não experimentados em nenhuma outra fase da história da humanidade. Milhões de seres humanos estão condenados a viver sob condições degradantes de vida; enquanto isso, os avanços científicos e tecnológicos pouco têm contribuído para amenizar a miséria e a fome de grande parte da população humana no planeta (PITANGA *et al*, 2017).

Diante deste cenário, a preocupação com a sustentabilidade obtém relevância nos mais diferentes contextos. O meio educacional pode ser visto como um espaço privilegiado de reflexão e de ações voltadas à preservação dos recursos naturais; também, as discussões acerca da relação entre o homem e o meio ambiente podem refletir diretamente nos mais diferentes âmbitos da sociedade, ao mesmo tempo que contribuem para o desenvolvimento de mais ações e políticas públicas voltadas à sustentabilidade (BRAGA *et al,* 2005).

Sabe-se que a degradação ambiental e a injustiça social são geradoras de diversos problemas entre os povos, apresentando-se como principais componentes da crise planetária. A mudança climática, o aquecimento e os problemas socioambientais globais decorrem dessa situação, reforçando, ainda mais, o papel transformador e emancipatório da Educação Ambiental, a fim de que, com base na realidade atual e em seu marco legal, possa-se fortalecer a defesa e a promoção da vida. Nesse horizonte, a educação é considerada a mais poderosa ferramenta de intervenção no mundo para a elaboração de novos conceitos e, consequentemente, mudanças de hábitos e ações (CHALITA, 2002).

Desde a década de 1970, quando as questões ambientais adentraram na pauta internacional, a educação ambiental experimenta diferentes propostas. Entre elas, uma das mais importantes é a fomentação, a partir de suas práticas pedagógicas, de uma educação pautada em perspectivas críticas e na realidade socioambiental dos cidadãos.

Nesse contexto, e em concordância com Reigota (1998), a Educação Ambiental aponta para propostas pedagógicas centradas na conscientização, mudança de comportamento, desenvolvimento de competências, capacidade de avaliação e participação dos educandos.

Para Sorrentino (1998), não existe uma única teoria certa, tampouco, uma errada, mas cada fazer educativo deve corresponder a uma leitura de realidade, ou seja, "os distintos enfoques enfatizam distintas características do objeto, o constroem a partir de certos referenciais, o explicam e lhe dão significados" (SORRENTINO, 1998, p. 272). Corroborando com Guimarães (2004), "a transformação da sociedade é causa e consequência (relação dialética) da transformação de cada indivíduo, ou seja, há uma reciprocidade dos processos que propicia a transformação de ambos" (GUIMARÃES, 2004, p. 17).

A construção de uma Educação Ambiental crítica, envolvida na busca do entendimento da relação homem-natureza, bem como com a formação de um indivíduo capaz de identificar um problema e agir de forma adequada em relação às questões ambientais, só faz sentido se os autores dessa educação (no nosso caso, professores e alunos) se sentirem dentro do problema, e, ao mesmo tempo, responsáveis pela sua existência. Nesse sentido, a Educação Ambiental deve ser norteada por práticas pedagógicas de caráter multi, inter e transdisciplinar, a fim de interligar as questões sociais, ambientais, econômicas, políticas, estéticas e culturais (NOAL, 2006), numa concepção de totalidade e de conexões intrínsecas no relacionamento do homem-sociedade-natureza (*apud* Silva e Pereira, 2015).

1.1 Um pouco sobre legislação

No Brasil, a preocupação e efetivação de políticas para o meio ambiente surgiu em 1981, com a Lei n° 6.938, que anunciou o princípio para a preservação, melhoria e recuperação da qualidade ambiental: "educação ambiental a todos os níveis de ensino, inclusive a educação da comunidade, objetivando capacitá-la para participação ativa na defesa do meio ambiente" (inciso X do artigo 2°). Nos anos seguintes, reformas e ações na gestão das políticas públicas e nacionais foram realizadas. Tal preocupação também é resultado do cenário internacional de risco e proteção ambiental e desenvolvimento sustentável, como a criação do "Estudo da Proteção da Natureza no Mundo", organizado pela União Internacional para a Conservação da Natureza, em 1951; a "Primeira Conferência

Intergovernamental sobre Educação Ambiental", organizada pela UNESCO em parceria com a ONU, em 1977, entre outros.

Quando se observa nessa mesma Lei o compromisso da educação ambiental, nós, formadores de profissionais, ficamos perplexos diante do quanto temos de buscar e vislumbrar diferentes métodos para, efetivamente, envolver os alunos com a problemática ambiental, de modo que se sintam parte desse problema, com responsabilidade de conhecê-lo, bem como de refletir e buscar soluções.

Mas como envolver os alunos com a problemática ambiental?

Grande parte dos futuros engenheiros dos cursos de graduação, principalmente em seus últimos anos de formação, procura valorizar as disciplinas de natureza "técnicas" ou "específicas". Mobilizá-los para uma discussão sobre o Aquecimento Global ou o Esgotamento dos Recursos Naturais, por exemplo, é um grande desafio e requer, muitas vezes, exploração de outras metodologias (documentários, entrevistas, artigos, filmes etc.) para motivá-los. Não se trata de uma rejeição, mas certo desinteresse por um tema que parece distante deles, apesar de tão próximo. Nesse caso, o professor lança mão de toda sua experiência para promover a aproximação do aluno, obtendo êxito algumas vezes, enquanto em outras não. Debates, nesse contexto, são extremamente valiosos, e, em geral, geram a oportunidade de a maioria dos alunos se pronunciar.

O professor, diante de desafios dessa natureza, adota uma postura completamente inquietante, ficando sempre predisposto a buscar um novo recurso para suas aulas, com a preocupação de "ganhar" os alunos.

2 Apresentando a experiência de ensino e aprendizagem

Na perspectiva de fomentar projetos sustentáveis, de importância social e voltados ao bem comum, tem-se, de forma sistemática, levado os alunos para visitas técnicas à Sociedade de Abastecimento Básico de Campinas (Sanasa), em duas etapas: a primeira, a uma Estação de Tratamento de Água (ETA) na cidade de Campinas; a segunda, a uma Estação de Tratamento de Esgoto (ETE) desta mesma companhia e cidade. Na primeira visita técnica, os futuros engenheiros têm a oportunidade de conhecer as condições dos mananciais do município, as matas ciliares restantes, as etapas de tratamento da água, bem como de seu armazenamento e distribuição. Os alunos são acompanhados, no momento da visita, por professores, técnicos e engenheiros responsáveis pela estação. Além da oportunidade de questionarem os profissionais e, assim, esclarecerem suas dúvidas, os alunos conhecem novas tecnologias (por exemplo, o sistema pioneiro de tratamento de esgoto por meio de membranas ultrafiltrantes) e são convidados a reproduzir, em sala de aula, cada uma das etapas vistas durante as visitas técnicas, automatizando seus processos, reutilizando a água, reduzindo o gasto de energia de modo a implementar parte do conhecimento apreendido durante as disciplinas, num projeto de natureza interdisciplinar.

A questão do tratamento de água e esgoto é retomada pelos alunos que, em grupos, introduzem novas variáveis e problemáticas as quais, muitas vezes, são bem originais, mobilizando o grupo a fazer novas pesquisas. O aluno, a partir dos conhecimentos de sua área de formação (engenharia elétrica, de automação e controle, mecânica, de produção, civil, computação), porém não isolado dela, partilha conhecimento de outras áreas, vindo a buscar a resolução do problema não somente porque foi a ele solicitado, mas, também, por se sentir responsável. Em outras palavras, o aluno se sente mobilizado e incomodado com a situação vista. Entende-se que esse é o princípio de toda a mudança, e é efetivamente o mote que faz agir.

Nos depoimentos dos alunos, é possível identificar a importância de uma experiência de aprendizagem dessa natureza, fora do ambiente escolar, contribuindo, assim, com o conteúdo previamente abordado pelos professores em sala de aula.

3 A política de educação ambiental do UNISAL

A Política de Educação Ambiental do UNISAL visa solidificar o seu papel de defensor e difusor do meio ambiente, de todos os seus bens naturais e de consumo, em prol da ética e da cidadania ambiental.

Ora, faz parte da Identidade das Instituições Salesianas de Ensino Superior (IUS) a promoção de uma consciência ético-ambiental que desenvolva, sobretudo, os valores relativos à justiça, à solidariedade e à sustentabilidade do meio ambiente. A construção dessa consciência reforça o propósito de inserção de princípios de sustentabilidade ecológica no âmbito das atividades da Instituição, cuja missão de educar para a vida é sentida em todas as ações. A colaboração para a mudança de atitude diante da necessidade de minimizar os problemas ambientais faz parte, portanto, do processo educacional humanista do UNISAL, para o qual os princípios éticos, cristãos e salesianos estão atrelados ao compromisso social e ambiental em sua totalidade (Plano de Desenvolvimento Institucional, 3.1.2).

Nesse horizonte, sua Política de Educação Ambiental visa implementar o trabalho sociopolítico de defesa e preservação do meio ambiente e, com isso, qualificar a comunidade acadêmica para a promoção da sustentabilidade em todas as suas ações. Algumas das finalidades a seguir mencionadas nos Planos de Ensino, nos Projetos, nos Eventos, entre outros, ainda que de forma parcial, são objetos de busca cada vez mais sistemático:

a. Implantar, como prática educativa interdisciplinar e transversal, a Educação Ambiental nos cursos, programas e projetos de Graduação, Pós-Graduação e Extensão;
b. Implantar, na formação inicial e continuada dos profissionais da educação, a dimensão socioambiental, ao considerar a consciência e o respeito à diversidade multiétnica e multicultural do país;
c. Incorporar, respeitando-se o critério da coerência, nos cursos de especialização técnica e profissional, conteúdo que trate da ética socioambiental das atividades profissionais;

d. Sustentar a gestão e as ações de Ensino, Pesquisa e Extensão orientadas pelos princípios e objetivos da Educação Ambiental;
e. Incentivar a formação complementar em Educação Ambiental dos professores, colaboradores e alunos do UNISAL;
f. Fomentar projetos e atividades, inclusive artísticas e lúdicas, que demonstrem a necessidade do cuidado com o meio ambiente e sua real valorização, na tentativa de produzir uma consciência de pertença da pessoa à natureza;
g. Assegurar a discussão sobre os princípios da sustentabilidade no âmbito de cada projeto pedagógico e atender aos princípios de sustentabilidade da Instituição.

Carvalho (2006) se refere à Educação Ambiental como uma motivação possível de ir além dos conteúdos propostos e previamente estudados pelos professores. Corroborando, Santos *et al* (2017) concluem que propiciar o envolvimento dos alunos com a Educação Ambiental e com a Didática, envolvendo, por exemplo, jogos, visitas técnicas, seminários, projetos, pode proporcionar a aquisição de uma postura crítica reflexiva quanto à preservação e à conservação do ambiente em que os alunos vivem; que nesse contexto, o educador pode desenvolver estratégias didáticas para incluí-las de maneira dinâmica e eficaz para melhor assimilação dos diversos saberes ambientais.

A experiência "fugiu" (no bom sentido) do controle dos professores, extrapolou os espaços reservados para discutir os problemas (alunos procuravam os professores fora do horário das aulas para tirar dúvidas sobre seus projetos) e tem gerado frutos (alguns alunos querem aperfeiçoar seus projetos na modalidade de Trabalho de Conclusão de Curso – TCC).

O Núcleo de Educação Ambiental do UNISAL fomenta ações de incentivo e estímulo tanto para os professores dos cursos de Graduação, quanto para os professores dos cursos técnicos, apresentando propostas para favorecer, em suas aulas e em seus projetos interdisciplinares, temas referentes à problemática ambiental, tanto no cenário mundial quanto no nacional e, como consequência, promove a conscientização dos alunos dos *Campus*. Diante desse cenário, a universidade, como instituição de investigação e centro de educação técnica e superior, tem papel essencial na reconfiguração de mundo e, portanto, deve assumir a responsabilidade maior no processo de produção e incorporação da dimensão ambiental nos sistemas de educação e formação profissional dos alunos (MORALES, 2007).

Conclusão

Grande parte dos projetos desenvolvidos pelos alunos e professores do UNISAL engloba a discussão ambiental e, consequentemente, a preocupação com relação aos impactos de um determinado sistema projetado/implementado. Dessa forma, professores e alunos organizam e desenvolvem, respectivamente, projetos que contemplam uma reflexão de natureza ecológica e, ao mesmo tempo, de saberes técnicos científicos para que seus efeitos sobre o meio ambiente sejam amenizados. Pode-se dizer que o UNISAL contribui com a formação de profissionais comprometidos com os impactos de suas ações ao meio ambiente, proposta esta contemplada nos próprios Projetos Pedagógicos dos Cursos (PPC's), bem como nos objetivos gerais e específicos do Núcleo de Educação Ambiental.

Corroborando com PITANGA *et al* (2017); SANTOS *et al* (2017); GOMES & NAKAYAMA (2016) e SILVA & PEREIRA (2015), a atividade que envolve a Educação Ambiental, pautada na Política Ambiental do UNISAL, é uma ferramenta eficiente, pois, além de diversificar os métodos didáticos no processo de ensino e aprendizagem, possibilita a formação da consciência socioambiental e política, consolidando as reflexões cotidianas de alunos e professores. Sabe-se que muito há de ser feito, no entanto, a ampliação das pesquisas, diálogos, discussões e incentivo a qualquer atividade, como as visitas técnicas aqui discutidas, é um caminho para a formação de seres humanos mais conscientes pela luta por uma sociedade equitativa e sustentável.

Referências bibliográficas

BRAGA, B; HESPANHOL, I; CONEJO, J.G.L.; MIERZWA, J.C; BARROS, M.T.L; SPENCER, M; PORTO, M; NUCCI, N; JULIANO, N; EIGER, S. *Introdução à Engenharia Ambiental:* o desafio do desenvolvimento sustentável. São Paulo: Pearson Prentice Hall; 2005.

BRASIL. *Constituição Federal de 1988*. Promulgada em 5 de outubro de 1988. Disponível em <http://www.planalto.gov.br/ccivil_03/constituicao/constituicao.htm> Acesso em: 02 ago. 2017.

CAPRA, F. *As conexões ocultas*. São Paulo: Cultrix, 2002.

CARVALHO, I.C.M. *Educação Ambiental*: a formação do sujeito ecológico. 2ª ed. São Paulo: Cortez, 2006.

CHALITA, G. *Educação*: a solução está no afeto. São Paulo: Gente, 2002.

FRANZONI, M. *Pontos de ressonância entre os convites docentes e a construção de saberes na formação inicial de professores*. (Doutorado em Educação). Universidade de São Paulo (USP), 2004.

GOMES, R. K. S & NAKAYAMA, L. *A Educação Ambiental formal como Princípio da Sustentabilidade na Práxis Educativa.* REMEA – Revista Eletrônica do Mestrado em Educação Ambiental. v. Especial, p. 11-39, jul/dez, 2016.

GUIMARÃES, M. *A formação de educadores ambientais.* São Paulo: Papirus, 2004.

IUCN. Disponível em <https://www.iucn.org>. Acesso em: 02 jul. 2017.

MMA. *Histórico Mundial.* Disponível em: < http://www.mma.gov.br/educacao-ambiental/politica-de-educacao-ambiental/historico-mundial>. Acesso em: 02 ago. 2017.

MORALES, A. G. M. *O processo de formação em educação ambiental no ensino superior*: trajetória dos cursos de especialização. Rev. eletrônica Mestr. Educ. Ambiental. ISSN 1517-1256, v. 18, janeiro a junho de 2007.

MORIN, E. *A Religação dos Saberes*: o desafio do século XX. Rio de Janeiro: Bertrand Brasil, 2002.

NOAL, F. O. Ciência e interdisciplinaridade: interfaces com a educação ambiental. In: *A contribuição da Educação Ambiental à Esperança de Pandora*. São Paulo: RiMa, 2006.

PITANGA, A. F; NEPOMECENO, A. L. de. O; ARAUJO, M. I. O. Entendimentos e Práticas de Ensino de Professores Universitários em Educação Ambiental. *Revista Eletrônica do Mestrado em Educação Ambiental*, v. 34, n.1, p. 270-289, jan/abr, 2017.

REIGOTA, M. Desafios à educação ambiental escolar. In: JACOBI, P. et al. (Orgs.). *Educação, meio ambiente e cidadania*: reflexões e experiências. São Paulo: SMA, 1998.

RUSCHEINSKY, A.; DUVOISIN, I. Visão sistêmica e educação ambiental: conflitos entre o velho e o novo paradigma. In: RUSCHEINSKY, A. (Org.). *Educação Ambiental*: abordagens múltiplas. Porto Alegre: Penso, 2012.

SANTOS, L. A.; SANTOS, E. A.; SILVA, E. da; BENICIO, D. A. Inserção da educação ambiental por meio de estratégias lúdico-educativas. In *Revista da Universidade Vale do Rio Verde*, Três Corações, v. 15, n. 1, p. 240-252, jan/jul, 2017.

SILVA, N.N.E.; PEREIRA. L.G. de. *A Educação Ambiental e o Planejamento Educacional no Ensino Superior*: a formação do professor. Volume 5 - N° 2 - julho/dezembro de 2015.

SOCIEDADE DE ABASTECIMENTO BÁSICO DE CAMPINAS (Sanasa). Disponível em <http://www.sanasa.com.br/inicio/default.aspx>. Acesso em: 01 ago. 2017.

SORRENTINO, M. Educação Ambiental e universidade. In: BARBOSA, S. R. C. S. (Org.). *A temática ambiental e a pluralidade do ciclo de seminários do NEPAM*. São Paulo: UNICAMP/NEPAM, 1998.

4

Consumo consciente e rotulagem ambiental

Denise Santos da Silva[1]

Introdução

A elevação da renda dos brasileiros, nas últimas décadas, proporcionou poder de compra à população, gerando aumento no consumo em geral e, também, nas vendas no varejo. Porém, a consciência do consumidor parece refletir-se mais em escolhas baseadas na qualidade do produto (ou serviço), em relação ao atendimento das suas necessidades e expectativas e no preço, do que em fatores ambientais e sociais.

A preocupação com fatores ambientais e socioeconômicos nas atividades de consumo surgiu no século passado, a partir da percepção da relação entre produção, consumo, meio ambiente e qualidade de vida, e dos debates sobre a incapacidade do planeta em resistir ao crescimento econômico a qualquer preço, emergindo termos como consumo consciente, ético, sustentável, dentre outros.

A produção, a circulação (transporte), o consumo (ação racional) ou o consumismo (irracional) e o pós-consumo aumentam a pressão sobre os recursos ambientais disponíveis no planeta, seja

---

1 Doutora em Agronomia (USP/ESALQ); Professora de Cursos de Graduação e Pós-Graduação e Membro do Núcleo de Educação Ambiental do Centro Universitário Salesiano de São Paulo, UNISAL.

pelo aumento da demanda desses recursos, seja devido aos impactos ambientais negativos provocados, os quais comprometem de maneira negativa o meio ambiente e, consequentemente, a qualidade de vida da população.

Além disso, há limitação quanto à capacidade do planeta em suportar as pressões exercidas pelas atividades humanas (antrópicas), que, se extrapolada, refletirá na falta (quantidade e qualidade) de água e alimento, afetando a segurança alimentar, a garantia dos direitos humanos e a própria dignidade humana.

Isso tudo é ainda mais preocupante considerando que, em 2030, é estimada uma população de 8,3 bilhões de pessoas no planeta, dependentes de energia, água, alimentos, uso da terra e extração mineral (Rockefeller Foundation e GBN, 2010 *apud* IPEA, 2015).

Dessa forma, é urgente que a atividade de consumo seja condizente com um padrão consciente e sustentável de consumo, baseado em escolhas pautadas no que é ambientalmente correto, socialmente justo e economicamente viável. Consumidores conscientes do seu papel e da sua responsabilidade com o meio ambiente equilibrado poderão modificar atitudes e comportamentos, além de realizar melhores escolhas, passando a agir em prol da solução de parte dos problemas.

O desafio, portanto, é uma adequação transformadora de hábitos de consumo e pós-consumo e, para tal, é necessário educar o consumidor a fim de despertar a consciência crítica por meio da reflexão, com o objetivo de transformar a realidade. A rotulagem ambiental é uma ferramenta que pode influenciar individualmente as pessoas no ato de consumir, visto que o rótulo é uma forma de comunicação entre os produtos e os consumidores.

Por meio da educação ambiental, é possível desenvolver o conhecimento sobre as informações contidas nos rótulos e compreender qual a mensagem ambiental que aquele produto e/ou empresa fabricante deseja transmitir para o consumidor. A partir daí é possível realizar uma escolha consciente e sustentável, que poderá promover uma mudança individual de comportamento.

1 Consumo, sustentabilidade e impacto ambiental

Consumismo pode ser definido como uma maneira exagerada de consumir sem levar em conta a necessidade, enquanto que o consumo por si só deve ser uma atividade consciente, um ato racional. Nesse sentido, é fácil entender que o consumismo está na contramão da sustentabilidade; ainda, o padrão atual de consumo da sociedade é insustentável.

Dados do Ministério do Meio Ambiente sobre o que o brasileiro pensa do meio ambiente e do consumo sustentável mostram que mais da metade da população não conhece o significado do conceito "desenvolvimento sustentável" e que dois em cada três brasileiros desconhecem o que é consumo sustentável (BRASIL, 2012).

O termo "desenvolvimento sustentável" entrou no foco das atenções mundiais a partir da leitura do relatório Nosso Futuro Comum, elaborado pela Comissão Mundial para o Meio Ambiente e o Desenvolvimento da Organização das Nações Unidas (ONU), durante a assembleia geral da ONU, em 1987, e foi definido como compreensão sobre necessidades do presente sem comprometer a possibilidade de as gerações futuras atenderem às suas próprias necessidades.

A palavra "sustentável" significa aquilo que é capaz de ser mantido e preservado, enquanto que "sustentabilidade" representa um processo contínuo, de longo prazo, capaz de impedir a ruína de determinado sistema ou de conjunto de bens e meios, pela garantia de acesso e de reposição de bens e serviços por meio da conservação, proteção, reposição ou o desenvolvimento de recursos (FURTADO, 2005).

Embora o termo "desenvolvimento sustentável" seja, muitas vezes, usado como sinônimo de "sustentabilidade", a concretização da sustentabilidade é o que de fato permitirá o caminho do desenvolvimento sustentável. Para tal, são necessárias ações práticas que garantam a proteção e a preservação do meio ambiente, o bem-estar e a justiça social, a qualidade de vida (indivíduo, comunidade e sociedade) e a prosperidade. E um dos desafios do desenvolvimento sustentável refere-se à mudança de hábitos e comportamentos (padrões) de consumo, a fim de que o consumo seja também sustentável.

De acordo com o Programa das Nações Unidas para o Meio Ambiente, consumo sustentável significa o uso de bens e serviços que atendam às necessidades básicas, proporcionando uma qualidade de vida melhor, minimizando o uso dos recursos naturais e materiais tóxicos, a geração de resíduos e a emissão de poluentes durante todo o ciclo de vida do produto ou do serviço, de modo que não se coloque em risco as necessidades das futuras gerações, portanto, exige consciência e reflexão sobre quais são as nossas reais necessidades e as daqueles que nos procederão, visto que o desenvolvimento sustentável deve atender à atual e às próximas gerações.

É difícil estabelecer quais são as nossas reais necessidades em relação ao consumo, uma vez que as mesmas são delimitadas pelo contexto no qual vivemos, incluindo o socioeconômico, o que gera uma confusão em determinar o que é desejo e o que é necessidade. Em contrapartida, é mais fácil entender que o consumo sustentável exige consciência na hora de consumir, que se refletirá nas escolhas que fazemos e nos impactos ambientais que causamos no planeta.

Como consumidores de recursos do planeta e geradores de resíduos pós-consumo, de modo consciente ou não (consumismo), é necessário compreender que qualquer ação humana acarreta impactos ambientais, benéficos ou adversos, que são as alterações antrópicas provocadas no ambiente, não se resumindo somente aos meios físico, como água, ar, solo, subsolo, e biótico (flora e fauna); há ainda o meio socioeconômico (antropogênico) no qual se refletem os impactos da relação entre a economia e a sociedade (emprego, renda, turismo, saúde, segurança, educação etc.).

Como os impactos ambientais adversos podem resultar em danos ambientais, é importante preveni-los e controlá-los, a fim de impedir e/ou reduzir possíveis prejuízos ao meio ambiente;

assim como é importante, e possível, maximizar os impactos ambientais benéficos (positivos), visando aumentar os benefícios para o ambiente.

Os impactos ambientais são sempre antrópicos e têm como causa os aspectos ambientais que são os elementos das atividades, produtos ou serviços que podem interagir com o meio ambiente. Assim, o consumo promove a demanda por produtos, aquecendo a economia e gerando empregos, que têm como consequências o aumento de postos de trabalho e o aumento da arrecadação de impostos, por exemplo, ambos impactos ambientais benéficos no meio socioeconômico.

Por outro lado, o aquecimento da demanda e do consumo aumenta a pressão ao ambiente, devido ao uso intensivo de recursos naturais (renováveis e não renováveis), à geração e disposição de resíduos sólidos e de efluentes, às emissões atmosféricas de poluentes e de gases de efeito estufa, entre outros. Esses aspectos ambientais podem reduzir a quantidade de recursos disponíveis no planeta (água, solo, flora, fauna etc.); a qualidade das águas, do solo e do ar; a biodiversidade; as áreas verdes e de florestas nativas, entre outros impactos ambientais negativos que ocorrem nos meios físico e biótico. Esses impactos ambientais negativos contribuem para o aumento da degradação e da poluição ambiental e alteram também o ambiente socioeconômico, reduzindo a qualidade de vida da população.

Outra consequência do aumento do consumo refere-se à geração de resíduos sólidos (aspecto ambiental) pós-consumo, aumentando a quantidade de resíduos produzidos e, portanto, reduzindo a vida útil dos aterros sanitários.

Apesar de ter aumentado a preocupação da população com o meio ambiente, bem como a disposição para a resolução dos problemas ambientais, dados do Ministério do Meio Ambiente (BRASIL, 2012) mostram, contraditoriamente, que, de uma maneira geral, a maioria da população brasileira não separa o lixo para a coleta seletiva e não realiza o descarte correto de pilhas e baterias, demonstrando hábitos que são bastante prejudiciais ao meio ambiente.

Pode-se fazer uma análise desse paradoxo sob a ótica do uso de sacolas plásticas para transportar produtos adquiridos no varejo. A tradicional, feita com produto sintético à base de recurso não renovável (fóssil, como petróleo ou gás natural), foi uma das primeiras vilãs do meio ambiente. Se disposta inadequadamente, esse resíduo pós-consumo pode entupir bueiros e/ou chegar até os cursos de água levado pela água da chuva, causando impactos ambientais negativos como o aumento de alagamentos e de enchentes e, consequentemente, o aumento da incidência de doenças de veiculação hídrica. Além disso, devido à sua origem (fóssil), pode levar até centenas de anos para degradar, contribuindo para a poluição ambiental e a degradação da paisagem.

A sacola plástica já foi alvo de polêmica: de um lado, institucionalizou-se a proibição de seu fornecimento pelos estabelecimentos comerciais, por meio de lei; de outro, percebeu-se a necessidade de as pessoas modificarem seus hábitos de consumo e pós-consumo. Houve bastante reflexão e discussão a respeito, a favor e contra, e o que ficou de concreto é o fato que as sacolas, em várias regiões, voltaram, inclusive por ser direito do consumidor de ter onde transportar os produtos comprados no varejo.

Houve um ganho ambiental bastante expressivo com essa polêmica, visto que as indústrias químicas inovaram em ciência e tecnologia, passando a oferecer ao mercado o plástico produzido a partir de fonte renovável, denominado de plástico verde, que também não é biodegradável.

Portanto, há a necessidade de se assumir a responsabilidade em relação aos impactos ambientais negativos do consumo e pós-consumo, reconhecendo a possibilidade individual de atuação como agente de transformação, visando um ambiente equilibrado para essa e as futuras gerações. A boa notícia é que isso passa pela educação para o consumo consciente, tendo em vista que é possível reconhecer produtos/embalagens com menor impacto ambiental negativo.

2 Consumo consciente e educação ambiental

Em dezembro de 2002, a Assembleia Geral da ONU proclamou a Década da Educação das Nações Unidas para o Desenvolvimento Sustentável, nos períodos 2005-2014; a Organização das Nações Unidas para a Educação, a Ciência e a Cultura (UNESCO) foi designada para liderar e promover essa Década da Educação para o Desenvolvimento Sustentável.

De acordo com a UNESCO (2005), a educação não é somente prioritária, mas indispensável quando há desafios como pobreza, consumo desordenado, degradação ambiental, decadência urbana, crescimento da população, desigualdades de gênero e raça, conflitos e violação de direitos humanos.

No Brasil, o Ministério do Meio Ambiente lançou, em 2008, a primeira campanha voltada para o consumo consciente, que teve como tema o "Consumo Consciente de Embalagens: a escolha é sua, o planeta é nosso"; no ano seguinte, teve a campanha "Saco é um Saco" e foi instituído o Dia do Consumidor Consciente, comemorado em 15 de outubro (BRASIL, 2014).

Mais tarde, em 2011, o governo brasileiro fez o lançamento do mês do Consumo Sustentável e do Plano de Ação para a Produção e Consumo Sustentáveis com o objetivo de fomentar políticas, programas e ações de consumo e produção sustentáveis no País; a educação para o consumo sustentável foi selecionada como uma das prioridades desse plano do governo (BRASIL, 2011).

A educação ambiental é uma estratégia para alcançar a produção e o consumo sustentáveis. E entende-se por educação ambiental os processos por meio dos quais o indivíduo e a coletividade constroem valores sociais, conhecimentos, habilidades, atitudes e competências voltadas para a conservação do meio ambiente, bem de uso comum do povo, essencial à qualidade de vida e sua sustentabilidade (BRASIL, 1999).

O grande desafio para viver de forma sustentável é estimular mudanças de atitude e de comportamento na sociedade mundial, uma vez que nossas capacidades intelectuais, morais e culturais impõem responsabilidades para com todos os seres vivos e para com a natureza como um todo; a educação tem a função de prover os valores, atitudes, capacidades e comportamentos essenciais para confrontar esses desafios (UNESCO, 2005).

Engajado na sua missão de contribuir para a formação integral do cidadão num contexto de pluralidade, o UNISAL contemplou o tema consumo consciente e rotulagem ambiental no Projeto Socioambiental de Extensão, em 2012, que teve a participação de alunos da disciplina de Gestão Ambiental do curso de Engenharia Ambiental e patrocínio de uma grande rede de supermercados da região (Americana). Uma cartilha sobre Rotulagem ambiental e consumo consciente foi distribuída à comunidade, servindo de apoio para o processo de educação ambiental (está disponível para acesso e download no site institucional, UNISAL).

A educação ambiental tem papel relevante não somente na reflexão sobre os problemas ambientais, mas também no seu enfrentamento, possibilitando ao indivíduo uma atuação como agente ativo em prol do ambiente equilibrado. Utilizar a educação ambiental na construção de conhecimento sobre rotulagem ambiental pode dar o empoderamento necessário para uma atuação proativa de consumidores conscientes e sustentáveis, fortalecendo o exercício da própria cidadania a favor do planeta e da nossa sobrevivência na terra.

Também é preciso lembrar que o aumento do nível de renda de uma população amplia o acesso à educação e, ao longo do tempo, tende a se traduzir em maior consciência no ato de consumir e no pós-consumo, fato esse que já é observado em países desenvolvidos, no qual a rotulagem ambiental ocupa um espaço importante no consumo sustentável.

3 Rotulagem ambiental como opção para a escolha consciente e sustentável

Define-se como rótulo a identificação impressa ou litografada, bem como os dizeres pintados ou gravados a fogo, pressão ou decalco, aplicados diretamente sobre recipientes, vasilhames, invólucros, envoltórios, cartuchos ou qualquer outro protetor de embalagem (BRASIL, 1976).

A Agência de Vigilância Sanitária – Anvisa (2002), considera rotulagem toda a inscrição, legenda, imagem ou toda a matéria descritiva ou gráfica, escrita, impressa, estampada, gravada, em relevo ou litografada ou colada sobre a embalagem do alimento.

De um modo mais abrangente, para a Associação Brasileira de Embalagem – ABRE (2017), rótulo é toda e qualquer informação relativa ao produto e transcrita em sua embalagem, que pode conter a marca do produto e informações sobre ele, sendo uma forma de comunicação visual. Enquanto que, para MACHADO (2015), os encartes também fazem parte dos rótulos, como folhetos, *folders*, entre outros.

Algumas das informações contidas nos rótulos das embalagens de produtos são obrigatórias, isto é, exigidas por leis e regulamentos. No Brasil, há rotulagem obrigatória para vários produtos, tais como a rotulagem de alimentos embalados, de medicamentos, de cosméticos, os quais têm a função de assegurar a saúde e a segurança do consumidor.

Como exemplos de rotulagem obrigatória de alimentos embalados, tem-se a rotulagem nutricional que declara a composição nutricional de alimentos e bebidas; a rotulagem de alimentos que podem causar alergia; a rotulagem de alimentos que contenham matéria-prima transgênica (geneticamente modificada), identificada nas embalagens por meio da letra "T" na cor preta dentro de um triângulo equilátero amarelo. Há um projeto de lei tramitando no Congresso Nacional que visa modificar as regras da rotulagem de alimentos transgênicos.

Por outro lado, além das informações obrigatórias que alguns produtos devem declarar nos rótulos, o fabricante pode optar pela rotulagem ambiental, que é voluntária. A função é comunicar os benefícios ambientais de um produto/embalagem a fim de aumentar o interesse do consumidor e estimular a demanda por produtos com menor impacto ambiental, promovendo a educação e o desenvolvimento sustentável e possibilitando a melhoria ambiental contínua orientada pelo mercado (ABRE, 2012).

O primeiro rótulo ou selo ambiental foi lançado em 1978 pela Agência Ambiental do governo da Alemanha, o Anjo Azul (*Blau Engel*), para produtos oriundos da reciclagem, e com baixa toxidade (MOURA, 2008). Ao longo do tempo, houve uma proliferação de rótulos ambientais no mundo; normas voluntárias foram elaboradas pela Organização Internacional para Padronização – ISO (*International Organization for Standardization*), visando orientar e estabelecer procedimentos para a rotulagem ambiental.

No Brasil, a Associação Brasileira de Normas Técnicas (ABNT) publicou a norma ABNT NBR ISO 14020:2002 (BRASIL, 2016), que contém princípios orientadores para o desenvolvimento e uso de rótulos e declarações ambientais e que pode ser usada por qualquer organização que deseja, voluntariamente, proceder à rotulagem ambiental de produtos.

Outras normas relativas a rótulos e declarações ambientais precedem da: ABNT NBR ISO 14024:2010, que trata dos princípios e procedimentos para o desenvolvimento de programas do tipo I e estabelece procedimentos de certificação e concessão do rótulo; a ABNT NBR ISO 14021:2013, dos requisitos para autodeclarações ambientais do tipo II e estabelece metodologia de avaliação e verificação para as declarações selecionadas na norma; a ABNT NBR ISO 14025:2015, de declarações ambientais do tipo III baseadas em informações de Avaliação de Ciclo de Vida (ACV) e estabelece a Declaração ambiental de produto como documento padronizado, definindo o perfil de um produto a partir de aspectos ambientais (BRASIL, 2016).

Um detalhamento sobre cada uma das normas da ABNT, referentes à rotulagem ambiental, não se faz necessário. Não obstante, o conhecimento prático sobre alguns rótulos e declarações ambientais pode influenciar nossos hábitos e comportamentos diante dos principais problemas ambientais, contribuindo para o consumo consciente e sustentável.

O desmatamento das florestas é apontado como o principal problema ambiental percebido pelos brasileiros, tanto em âmbito nacional quanto mundial, seguido da poluição de rios, lagos e outras fontes de água, da poluição do ar e dos problemas causados pelo aumento do volume de lixo (BRASIL, 2012).

Na hora de adquirir produtos elaborados com matéria-prima florestal, o consumidor pode contribuir para a redução do desmatamento, das queimadas e de outras práticas prejudiciais ao meio ambiente. Isso é possível porque há rótulos do tipo I, também conhecidos como selos verdes, que informam que determinado produto foi produzido a partir de uma floresta onde ocorreu o manejo florestal sustentável, tais como os selos FSC e CERFLOR.

A certificação *Forest Stewardship Council* – FSC (Conselho de Manejo Florestal Sustentável) é um sistema de garantia internacionalmente reconhecido, que identifica, por meio de sua logomarca, produtos madeireiros e não madeireiros originados do bom manejo florestal (FSC BRASIL, 2017).

Há uma infinidade de matérias-primas e de produtos presentes em nosso dia a dia que possuem a logomarca FSC, tais como os produtos madeireiros, entre eles papel, embalagens, lápis, rolha, cama, mesa, armário, cadeira, objetos, porta, janela, batente, piso, deque, além de produtos não madeireiros, como a erva-mate, açaí, babaçu, castanha, óleo de candeia, copaíba, andiroba, entre outros (FSC BRASIL, 2017).

O Brasil possui um programa próprio de certificação florestal denominado Programa Brasileiro de Certificação Florestal – Cerflor, no qual o Instituto Nacional de Metrologia, Normalização e Qualidade Industrial – Inmetro, é gestor e a ABNT o organismo responsável pelo processo de elaboração e revisão das normas desse programa (INMETRO, 2017).

Nos programas de rotulagem do tipo I, existe o processo de certificação que deve ser realizado por certificadora independente, neutra e qualificada que irá avaliar se as normas e os padrões daquele programa estão sendo aplicados e atendidos. A certificadora é responsável pela emissão do certificado e pela concessão do uso do selo nos produtos, dando credibilidade ao processo. O certificado é o documento que atesta a conformidade com o atendimento às normas e padrões do programa, geralmente utilizados nas relações empresa-empresa. O selo é a logomarca que será reconhecida pelo consumidor e refere-se a uma marca, símbolo, texto e/ou figura declarada no produto certificado.

Reconhecendo o selo (rótulo tipo I) do Manejo Florestal Sustentável, o consumidor pode optar por produtos madeireiros e não madeireiros certificados e realizar uma escolha consciente de que está contribuindo para o bom manejo das florestas. Dessa forma, é fácil entender que a adoção de rótulos e declarações ambientais pode significar um diferencial para os produtos, tendo em vista que existirão produtos certificados e outros sem certificação.

Por agregar um diferencial de mercado, a rotulagem ambiental deve ser usada com ética e transparência para não confundir, iludir, nem distorcer conceitos sobre a proteção ambiental (ABRE, 2012). Essa necessidade está estabelecida na norma ABNT NBR ISO 14020:2002, tendo em vista a garantia da correção técnica, transparência, credibilidade e relevância ambiental (BRASIL, 2016).

Além dos selos ambientais, as autodeclarações ambientais (rotulagem tipo II) também têm um papel importante para o consumo consciente e sustentável. Pode-se usar o exemplo do tipo de fonte de origem do plástico utilizado para fabricar uma sacola plástica ou embalagem PET (polietileno tereftalato), visto que ambas são grandes vilãs do meio ambiente e podem contribuir para a poluição das águas e do solo, degradando o meio ambiente.

O fabricante de uma sacola ou embalagem PET que utiliza o plástico verde, em qualquer proporção, poderá declarar no rótulo do produto que se trata de um plástico de origem renovável, por meio de uma autodeclaração ambiental. Como exemplos de autodeclarações utilizadas para a rotulagem ambiental de plásticos de fontes de origem renovável, têm-se as expressões *I´m green*™ *e plantbottle*™.

I'm green™ é o polietileno verde desenvolvido pela Braskem a partir do etanol da cana-de-açúcar, reciclável, não biodegradável e não compostável (decomposição biológica) e fornecido para vários parceiros que atuam em diferentes segmentos da indústria (BRASKEN, 2017). *Plantbottle*™ é o plástico reciclável desenvolvido pela Empresa Coca Cola a partir de material vegetal (COCA COLA COMPANY, 2017), reciclável, não biodegradável e não compostável.

A proporção de material de origem renovável que entra na composição do plástico verde é importante; por isso as empresas fabricantes têm como regra a divulgação da quantidade (%) de fonte renovável contida em cada embalagem ou produto acabado que utiliza esse polímero. E, embora não sejam biodegradáveis, os benefícios da tecnologia do plástico verde incluem a redução do uso de fontes não renováveis (origem fóssil) e, por consequência, a redução das emissões de dióxido de carbono (CO_2) que é um gás de efeito estufa relacionado às mudanças climáticas.

Portanto, o reconhecimento das autodeclarações ambientais possibilita o consumo consciente do plástico verde, obtendo-se os benefícios ambientais desta tecnologia. Por outro lado, não devemos esperar que a ciência e a tecnologia resolvam todos os problemas, apesar de haver notícias de um plástico de origem renovável 100% biodegradável. É preciso consciência também para reduzir os impactos ambientais negativos do pós-consumo, destinando o plástico verde para a coleta seletiva no intuito de reciclar, igualmente como se deve fazer com o plástico de origem fóssil.

O plástico verde, assim como o de origem fóssil, se dispostos de forma ambientalmente inadequada, causam poluição e degradação. Conforme prevê a Política Nacional de Resíduos Sólidos, o gerenciamento de resíduos sólidos deve realizar-se em cumprimento à seguinte ordem de prioridade: não gerar resíduos, reduzir a geração, reutilizar, reciclar, tratar resíduos perigosos e fazer a disposição ambientalmente adequada de rejeitos. Dessa forma, o mais adequado é modificar nossos hábitos e comportamentos e não gerar resíduos a fim de reduzir os impactos ambientais negativos do consumo.

No mercado, existe também o plástico oxibiodegradável, de origem fóssil; contém aditivos oxidantes que modificam as propriedades do material e aceleram a biodegradação, reduzindo para cerca de 18 meses o tempo que esse polímero permanece na natureza.

Empresas que utilizam o plástico oxibiodegradável como matéria-prima para embalagens também podem utilizar a autodeclaração para informar sobre os atributos ambientais desse plástico, seguindo as recomendações das normas da ABNT. Para embalagens oxibiodegradáveis, são usadas expressões como "100% biodegradável", "biodegradável", "oxibiodegradável".

É importante esclarecer que uma autodeclaração ambiental (tipo II) comunica um benefício ambiental sem a pretensão de ser uma certificação e, portanto, sem avaliação externa (auditoria), sendo desenvolvida pelo próprio fabricante, importador ou distribuidor.

Para a indústria que fabrica o aditivo plástico oxibiodegradável, existe a possibilidade de utilizar a rotulagem tipo I (selos verdes). A Associação Brasileira de Normas Técnicas (ABNT, 2014) definiu procedimento para rótulo ecológico, referente a aditivos plásticos com função oxibiodegradável; a indústria que aderir voluntariamente ao programa e atender aos procedimentos, por meio da avaliação de conformidade, está apta a receber a marca (rótulo ecológico), que é reconhecida pelo símbolo do colibri contendo a expressão "Qualidade-ABNT-Ambiental".

Há ainda procedimentos para certificação de conformidade do Rótulo Ecológico ABNT (selo tipo I) para várias categorias de produtos, tais como produtos plásticos reciclados; embalagens plásticas; produtos de higiene pessoal; pneus reformados; produção gráfica; produtos de aço para construção civil; produtos de limpeza; isolante térmico acústico; serviços de asseio e conservação predial industrial e hospitalar; produtos químicos para concreto; eventos sustentáveis, entre outros. Portanto, para essas categorias de produtos, é possível fazer uma escolha consciente e sustentável baseada na rotulagem ambiental.

Já a rotulagem do tipo III é baseada em informações de Avaliação de Ciclo de Vida (ACV) de produtos, que é uma ferramenta de gestão usada nas indústrias para orientar ações de melhoria no desempenho de sistemas produtivos e produtos, por meio da avaliação das entradas e saídas do processo produtivo nas diferentes etapas do ciclo de vida do produto, desde a extração da matéria-prima da natureza, fabricação de produto, distribuição (transporte), consumo, até a disposição final do produto, incluindo a logística reversa.

De acordo com Coelho Filho *et al* (2016), apesar da aplicação da ACV ter potencial competitivo internacional, no Brasil, a falta de um banco nacional de dados, a complexidade da metodologia, o desconhecimento sobre a ferramenta e a falta de um ambiente favorável à ACV são algumas das fraquezas em relação ao uso dessa metodologia.

Enquanto a rotulagem ambiental do tipo III ainda está longe de ser uma realidade brasileira, é preciso que a rotulagem ambiental do tipo I e II seja reconhecida como uma ferramenta ao alcance do consumidor brasileiro e que pode guiá-lo no caminho do consumo consciente e sustentável.

Em caso de dúvida sobre determinado rótulo ou declaração ambiental, inclusive se não houver o entendimento sobre a mensagem da rotulagem ambiental, deve-se buscar informações no website da empresa. Há vários canais de comunicação oferecidos pelas empresas aos consumidores e essa proximidade pode aumentar as ações empresariais voltadas à rotulagem ambiental.

Por fim, convém lembrar que existe o Programa de Orientação e Proteção ao Consumidor – Procon; as delegacias especializadas em defesa do consumidor – Decons; o Instituto Brasileiro de Defesa do Consumidor – Idec, e a Associação Brasileira de Defesa do Consumidor – PROTESTE, que protegem os direitos dos consumidores, incluindo o direito à veracidade das informações contidas nos rótulos.

Conclusão

A maior percepção da população brasileira acerca dos problemas ambientais pode ser um estímulo para a compreensão sobre a rotulagem ambiental. E, para que isso ocorra, é imprescindível e urgente que a educação ambiental esteja inserta como estratégia para a construção de valores, atitudes e comportamentos que permitam e predisponham o consumidor ao consumo consciente e sustentável. Não há mudança concreta sem que se tenha um rumo; a educação ambiental é a base que pode sustentar uma nação no caminho do desenvolvimento sustentável.

Referências bibliográficas

ABNT. *Associação Brasileira de Normas Técnicas. Rótulo Ecológico para Aditivos Plásticos com Função Oxibiodegradável.* Abr. 2014. 13 p. Disponível em:<http://abnt.org.br/>. Acesso em: 05 ago. 2017.

ABRE. *Associação Brasileira de Embalagem. Diretrizes de Rotulagem Ambiental para Embalagens Autodeclarações Ambientais Rotulagem do Tipo II.* 2ª ed. ABRE: Comitê Meio Ambiente e Sustentabilidade. 2012.

______. *Associação Brasileira de Embalagem. Tipos de embalagens.* Disponível em:<http://www.abre.org.br/setor/apresentacao-do-setor/a-embalagem/tipos-de-embalagens/>. Acesso em: 05 ago. 2017.

ANVISA. *Resolução RDC nº 259, de 20 de setembro de 2002.* Aprova o Regulamento técnico para rotulagem de alimentos embalados. D.O.U. em 23 set. 2002.

BRASIL. *Lei nº 6.360 de 23 de setembro de 1976.* Dispõe sobre a Vigilância Sanitária a que ficam sujeitos os Medicamentos, as Drogas, os Insumos Farmacêuticos e Correlatos, Cosméticos, Saneantes e Outros Produtos, e dá outras Providências. 1976.

______. *Lei nº 9.795 de 27 de abril de 1999.* Dispõe sobre a educação ambiental, institui a Política Nacional de Educação Ambiental e dá outras providências. Publicada no Diário Oficial da União em 28/04/1999.

______. *Ministério do Meio Ambiente. Secretaria de Articulação Institucional e Cidadania Ambiental.* Plano de Ação para Produção e Consumo Sustentáveis – PPCS. Ministério do Meio Ambiente, Secretaria de Articulação Institucional e Cidadania Ambiental. 2011.

______. *Ministério do Meio Ambiente. Secretaria de Articulação Institucional e Cidadania Ambiental.* O que o brasileiro pensa do meio ambiente e do consumo sustentável: Pesquisa nacional de opinião. Ministério do Meio Ambiente, Secretaria de Articulação Institucional e Cidadania Ambiental. Rio de Janeiro: Overview, 2012.

______. *Ministério do Meio Ambiente.* Consumidor está mais consciente. Plano de ação para produção e consumo sustentáveis – PPCS: Relatório do primeiro ciclo de implementação. Brasília: MMA, 2014.

______. *Ministério do Desenvolvimento, Indústria e Comércio Exterior.* Instituto Nacional de Metrologia, Qualidade e Tecnologia – Inmetro. Portaria nº 100, de 07 de março de 2016.

BRASKEM. *Dúvidas frequentes.* Disponível em:<http://www.braskem.com/site.aspx/FAQ_PeVerde>. Acesso: 11 ago. 2017.

COCA COLA COMPANY. *Plantbottle tecnology*. Disponível em: http://www.coca-colacompany.com/plantbottle-technology. Acesso: 11 ago. 2017.

COELHO FILHO, O.; SACARO JR, N.; LUEDEMANN, G. *A avaliação do ciclo de vida como ferramenta para a formulação de políticas públicas no Brasil.* IPEA: Brasília, 2016.

FSC BRASIL. *Florestas para todo o sempre.* Disponível em:<https://br.fsc.org/pt-br>. Acesso em: 29 jul. 2017.

FURTADO, J. S. *Sustentabilidade empresarial*: guia de práticas econômicas, ambientais e sociais. Salvador: NEAMA/ CRA, 2005.

INMETRO. *Avaliação de conformidade.* 2017. Disponível em: <http://www.inmetro.gov.br/qualidade/cerflor.asp>. Acesso em: 29 jul. 2017.

IPEA. *Megatendências mundiais 2030.* O que entidades e personalidades internacionais pensam sobre o futuro do mundo?

Contribuição para um debate de longo prazo para o Brasil. MARCIAL, E.C. (Org.). Brasília: IPEA, 2015.

MACHADO, R. L. P. *Manual de rotulagem de alimentos*. Rio de Janeiro: Embrapa Agroindústria de Alimentos, 2015. (Documentos/Embrapa Agroindústria de Alimentos; 119).

MOURA, A.M.M. O mecanismo de rotulagem ambiental: perspectivas de aplicação no Brasil. In *Boletim regional, urbano e ambiental*, Brasília, IPEA, n.7, 2008.

UNESCO. *Década da Educação das Nações Unidas para um Desenvolvimento Sustentável, 2005-2014*: documento final do esquema internacional de implementação. Brasília: UNESCO, 2005.

UNISAL. *Cartilha de Consumo Consciente.* Disponível em: <http://unisal.br/wp-content/uploads/2017/03/Cartilha%20Consumo%20Consciente%20Pague%20Menos_Unisal.pdf>. Acesso em: 29 jul. 2017.

5

Abordagem na aplicação de mecanismos socioambientais como ferramenta de gestão no contexto organizacional

Daniele Fernanda da Costa[1]
Enedir Antonio Beccari[2]

Introdução

O objetivo deste capítulo, além de indicar, é refletir sobre os desafios da aplicação de ferramentas na gestão das organizações em cenário de desenvolvimento sustentável, mais especificamente na gestão econômico-financeiro das empresas no que se refere à sua atuação, desenvolvimento e responsabilidade no contexto socioambiental.

As empresas devem-se pautar, inicialmente, nos aspectos legais e fiscais que as norteiam. Entretanto, com os avanços tecnológicos cada vez mais atuantes, com a busca incessante de resultados e a globalização presente no mundo dos negócios, cabe às organizações alcançar novos patamares em seus aspectos estruturais

---

1 Graduada em Ciências Contábeis e Pós-graduanda em Gestão Financeira e Controladoria pela Faculdade Salesiana Dom Bosco de Piracicaba.
2 Mestre em Administração – Estratégia e Potencial Humano pelo Centro Universitário Salesiano de São Paulo, UNISAL. Docente da Faculdade Salesiana Dom Bosco de Piracicaba.

e sociais, buscando equilíbrio na geração de renda, emprego e sustentabilidade socioambiental.

Quanto aos aspectos estruturais, as empresas, além de incorporadas numa sociedade, necessitam do meio ambiente para se estabelecerem. Quanto aos aspectos sociais, se conseguirem alinhar lucros e ações sustentáveis, mais eticamente responsáveis se tornarão. Assim, com a implementação de técnicas de monitoração e análise de desempenho, gestores buscam a permanência e o desenvolvimento do patrimônio das empresas.

Nesse cenário, a contabilidade socioambiental se destaca, pois há uma preocupação com a sustentabilidade e os desafios para uma adequada administração de bens e recursos, incluindo, nesse último, os recursos naturais, mostrando novas e possíveis formas de gerenciamento e tomadas de decisão, com o objetivo de utilizar os 5R's da sustentabilidade, quais sejam, reduzir, reutilizar, reciclar, recusar e repensar, para cuidar dos recursos ambientais que ainda temos à disposição. Assim, novas formas e técnicas surgem para se valorar os custos de transformações e seus impactos no meio ambiente, considerando uma real avaliação do patrimônio tangível e intangível das organizações.

Observa-se que a preocupação com o meio ambiente, atualmente, parte do cenário local para o global, fato constatado pela crescente inserção das normas internacionais direcionadas para esse tema.

A partir de 1952, o mundo voltou-se com outros olhos para os recursos naturais devido ao episódio ocorrido em Londres (berço da Revolução Industrial), conhecido como *"The Great Smog"* ou "A Grande Fumaceira", sendo que as indústrias, que utilizavam a queima de carvão e petróleo para a produção de energia, bem como as residências, que faziam uso da queima do carvão para se manterem aquecidas no inverno, foram as grandes causadoras desse fenômeno, o qual ocasionou uma grande fumaça tóxica na cidade, que, após sua dissipação, deixou um saldo de 8 mil mortos. Sem dúvida, foi o "gosto amargo" do progresso e da modernidade.

Dentre outros grandes desastres ambientais como tornados, tsunamis, furacões, buracos na camada de ozônio e do efeito estufa, este é apenas um dos gritos de socorro que nosso planeta enunciou. E, neste sentido, acompanha-se nas últimas décadas vários encontros e conferências sobre o clima, visando determinar acordos para redução de poluentes e formas de combater os riscos iminentes da má utilização dos recursos naturais no planeta. Dentre estes encontros, destaca-se o protocolo de Quioto em 2005, que deu origem ao Mecanismo de Desenvolvimento Limpo (MDL), ao Mecanismo de Desenvolvimento Sustentável (MDS) e ao mercado de crédito de carbono (tributação verde).

O chamado "progresso a todo custo" tem causado sérios e irreversíveis danos ao meio ambiente, onde organizações e empreendimentos buscam suas sobrevivências, muitas vezes, de modo incompatível às ações e condições ecologicamente corretas. Não que seja recomendável ou desejável a reversão do progresso, mas a direção e a forma de gestão dos negócios têm obrigatoriamente de se planejar, organizar, atuar e conduzir com ética e responsabilidade socioambiental. A gestão ambiental tem, necessariamente, de ser inserta no contexto das organizações.

Diante desta preocupação, gestores devem ficar atentos na busca e na aplicação de mecanismos que oportunizem o desempenho e a evolução das empresas. A Ciências Contábeis, por meio de suas técnicas, oferece meios para as tomadas de decisões, comprovando econômica e financeiramente que a gestão ambiental não é "mais um custo" para as empresas e sim uma oportunidade para se evidenciar a responsabilidade socioambiental.

As questões ambientais estão ligadas diretamente à cadeia produtiva e, neste sentido, merecem ser valoradas como tal. Para tanto, a contabilidade como ciência vem de modo a nortear os passos de toda essa gestão socioambiental, propiciando formas de aplicabilidade de técnicas para melhor avaliação patrimonial das organizações, visando um processo econômico sustentável.

Portanto, a abordagem deste tema, que faz menção ao meio ambiente e discussões de gestão socioambiental, visa oferecer informações sobre a importância do meio ambiente para as empresas, e estas para com a sociedade, verificando-se a relação entre ambas, e de que forma organizações, sociedade e meio ambiente assegurarão a sobrevivência e a qualidade de vida.

1 Protocolo de Quioto

A conferência sobre o clima em Quioto, Japão, em dezembro de 1997, foi uma das mais importantes. Ela deu origem aos grandes desembaraços, além de poder identificar metas (governamentais e não governamentais), reconhecendo a urgência e a necessidade de se conter a emissão de gases do efeito estufa (GEE), dentre outras causas maléficas ao meio ambiente. Nesta conferência, originou-se o Protocolo de Quioto, no qual se prevê ações, metas e prazos sobre a emissão de gás carbono (CO_2) e outros gases do efeito estufa, causados por países desenvolvidos ou de economia de transição capitalista. Os países do Protocolo são os que têm metas de redução, sendo os mesmos designados Países do Anexo I e divididos em dois subgrupos (SÓ BIOLOGIA, 2016).

a. Países que necessitam diminuir suas emissões e, portanto, podem se tornar compradores de créditos provenientes dos mecanismos de flexibilização, como: Alemanha, Japão, Holanda, Áustria, Austrália, Bélgica, Canadá, Dinamarca, Espanha, Islândia, França, Grécia, Irlanda, Itália, Noruega, Nova Zelândia, Países Baixos, Portugal, Reino Unido, Suécia, Suíça, Turquia e União Europeia;
b. Países que estão em transição econômica (antigo bloco soviético) e, por isso, podem ser anfitriões de projetos do tipo implementação conjunta, como: Ucrânia, Rússia, Romênia, Polônia, Lituânia, Letônia, Hungria, República Tcheca, Rússia, Estônia, Eslováquia, Croácia, Bulgária e Bielorrússia.

Conforme Portal Brasil (BRASIL, MMA, 2016), o Protocolo menciona que os países desenvolvidos são os causadores de toda desordem climática e, sendo assim, os mesmos são obrigados a reduzir os GEE na ordem de 5% sobre os níveis de emissão de 1990 entre os anos de 2008 até 2012.

Contudo, o Protocolo só entrou em vigor em 2005 com a ratificação da Rússia ao Protocolo, pois era necessário a representação de 55% das emissões de 1990, para que o mesmo entrasse em vigor. E, segundo Maurício Tuffani (2016), após 11 anos em vigência, o Protocolo de Quioto teve um diagnóstico claro, que o acordo fracassou em reduzir as emissões mundiais de gases estufa, que cresceram 16,2% de 2005 a 2012.

Entretanto, o acordo internacional não foi de todo fracasso, pois houve um avanço no âmbito da conscientização da sociedade em implantar projetos ambientais, tecnológicos e de desenvolvimento econômico, para prevenir o agravamento do aquecimento global. Na sequência são apresentados os períodos de encontros referentes à temática:

1988: ONU cria o IPCC (Painel Intergovernamental de Mudanças Climáticas);

1990: Programa de Meio Ambiente da ONU e Organização Meteorológica Mundial iniciam negociações para estabelecer um acordo internacional sobre o clima;

1992: no Brasil, na conferência de cúpula Rio-92, cerca de 200 chefes de Estados começam as assinaturas da Convenção – Quadro das Nações Unidas sobre Mudança Climática;

1994: com a adesão de 196 países, a convenção entra em vigor estabelecendo as conferências das partes (COPs) para as renegociações da implantação de um acordo;

1997: COP no Japão anuncia o Protocolo de Quioto, primeiro tratado internacional para redução das emissões de gases do efeito estufa;

2005: em 16 de fevereiro entra em vigor o Protocolo de Quioto, ratificado por 128 dos 192 países signatários, mas sem a participação dos EUA;

2006: começam as negociações dos Mecanismos de Desenvolvimento Limpo, que estabelecem projetos que contribuem para a redução e captura de gás estufa, estabelecendo os chamados créditos de carbono;

2007: estabelece na COP de Bali, Indonésia, cinco grandes temas de negociações: financiamento, tecnologias, visão compartilhada, processo de adaptação e redução de impactos;

2012: na COP de Doha, no Qatar, governos decidem chegar a um acordo global até 2015 para a redução de emissões antes de 2020 e estabelecem uma emenda ao Protocolo de Quioto, com um novo período de metas a partir de 2013;

2014: o IPCC afirma que avanços foram mínimos e que, para evitar aumento de até 4,5^{0}C até o fim do século, será necessário conter o aumento de emissões até 2020 e reduzi-las em 80% até 2050.

1.1 Mecanismos de flexibilização

Para o êxito do Protocolo, existem três mecanismos de flexibilização que orientam nas análises e tomadas de decisões, sendo eles: 1) Comércio de Emissões ou Comércio Internacional de Emissões (CIE): mecanismo no qual os países desenvolvidos, que já reduziram a emissão de gases além de sua meta, podem comercializar o excedente de suas emissões para países que não atingiram a meta; 2) Implementação Conjunta (CI): mecanismo que incentiva a criação de projetos que reduzam a emissão do gás estufa. Quando dois ou mais países desenvolvidos criam projetos para redução de gases, podem fazer uma posterior comercialização; 3) Mecanismo de Desenvolvimento Limpo (MDL): mecanismo que auxilia na redução do gás estufa. Consiste na implementação de projetos para o desenvolvimento sustentável, auxiliando na redução ou captura de gases poluentes. Com isso, os países recebem um certificado chamado 'Reduções Certificadas de Emissões', emitido pelo Conselho Executivo do MDL e podendo ser comercializado no mercado internacional.

Desta forma, destaca-se que os dois primeiros podem ser utilizados por países desenvolvidos, enquanto o MDL abre portas para ser utilizados também por países em desenvolvimento, mesmo que estes países não tenham obrigações quanto à redução dos GEE.

1.2 Implementação do mecanismo de desenvolvimento limpo

Conforme informações em Cop15 (BRASIL, MCT, 2016), o Brasil é um grande patrono quando o assunto é o desenvolvimento sustentável e redução de gases poluentes. Diante de sua ideia e iniciativa dentro do Protocolo de Quioto, foi estabelecido o Mecanismo de Desenvolvimento Limpo, denominado MDL.

A criação deste mecanismo auxilia os países desenvolvidos e os países de economia em transição a cumprirem suas metas de redução ou limitação de emissões. Segundo André Magnabosco (2016), o MDL é o mecanismo de grande importância, principalmente levando-se em consideração a capacidade ambiental brasileira, pois permite a participação de países em desenvolvimento, na redução das emissões dos GEE, e este mecanismo ainda permite que países desenvolvidos ou em economia de transição para o capitalismo possam comprar "créditos de carbono", que, por sua vez, são denominados "Reduções Certificadas de Emissões" (RCEs).

Estas reduções são resultantes de atividades de projetos desenvolvidas em qualquer país em desenvolvimento, que tenha colaborado com o Protocolo. Entretanto, isso só é possível desde que o governo do país, onde ocorrem os projetos, concorde que a atividade de projeto é voluntária e contribui para o desenvolvimento sustentável nacional.

De acordo com Santos (2016), verifica-se que as atividades de projeto do MDL só poderão ser implementadas depois de certificadas por entidades operacionais, designadas pela Conferência das Partes, bem como as reduções de emissões de gases de efeito estufa e/ou aumento de remoção de CO_2 a estas atribuídas deverão ser submetidas a um processo de aferição e verificação por meio de instituições e procedimentos, conforme estabelecido no artigo 12.5, do Protocolo de Quioto:

> As reduções de emissões resultantes de cada atividade de projeto devem ser certificadas por entidades operacionais designadas pela Conferência das Partes na qualidade de reunião das Partes deste Protocolo, com base em:
> (a) Participação voluntária aprovada por cada Parte envolvida;
> (b) Benefícios reais, mensuráveis e de longo prazo relacionados com a mitigação da mudança do clima; e
> (c) Reduções de emissões que sejam adicionais às que ocorreriam na ausência da atividade certificada de projeto.

1.3 Etapas de certificação de emissão reduzida

Ainda segundo Santos (2016), para a obtenção de certificados de emissão reduzida, para a negociação dos chamados "créditos de carbono", é necessário passar por algumas etapas: a primeira é a preparação de um documento de concepção do projeto (DCP), constando a descrição das atividades, os participantes, a metodologia das linhas de base, a metodologia de cálculo, o limite do projeto, a fuga, a definição do período de aquisição dos créditos, o plano de monitoramento, a justificativa para adicionalidade da atividade de projeto, documentos e referências sobre impactos ambientais, resumo dos comentários dos atores e informações sobre fontes adicionais de financiamento.

Após isso, o projeto é dirigido a uma Entidade Operacional, designada pela Conferência das Partes, que procederá à análise, validação e aprovação e, na sequência, remetido ao Conselho Executivo onde os projetos são registrados. A partir do momento do registro, coloca-se em prática o plano de monitoramento, de acordo com o projeto (DCP).

Caso de efetivas reduções, em face do projeto, a Entidade Operacional mencionada, responsável também pela verificação da ocorrência de reduções, emite um certificado em favor do mentor da implementação do projeto (SANTOS 2016).

Por fim, com base na certificação emitida pelas Entidades Operacionais Designadas, o Conselho Executivo emitirá as Reduções Certificadas de Emissões, ou "Créditos de Carbono". São estes títulos que serão passíveis de comercialização, de acordo com o artigo 12.3, do Protocolo de Quioto.

O mercado de crédito de carbono se constitui em projetos que só podem ser validados pela Comissão Interministerial de Mudança Global do Clima, que é a Autoridade Nacional Designada no Brasil para aprovação de projetos no âmbito do Mecanismo de Desenvolvimento Limpo do Protocolo de Quioto.

Segundo dados de Cop15 (BRASIL, MCT, 2016), o Brasil foi um dos primeiros países a estabelecer localmente a regulamentação necessária para o desenvolvimento de projetos no âmbito do MDL. Isso só foi possível após a criação da sua Autoridade Nacional Designada (AND), denominada Comissão Interministerial de Mudança Global do Clima (CIMGC), responsável pela aprovação de projetos MDL em âmbito nacional, onde Secretaria Executiva e Presidência são exercidas pelo Ministério da Ciência e Tecnologia.

2 Créditos de carbono

De acordo com a Lei nº 12.727, de 2012 (BRASIL, MCC, 2016):

> O "Crédito de Carbono" pode ser relacionado como bens incorpóreos, imateriais ou intangíveis, tendo em vista que estes não têm existência física, mas são reconhecidos pela ordem jurídica (Protocolo de Quioto), tendo valor econômico para o homem, uma vez que são passíveis de negociação. Sendo assim, o "Crédito de Carbono" caracteriza-se como direitos de seus detentores.

No Brasil, esses Certificados (CER) são comercializados na Bolsa de Valores de São Paulo (BOVESPA), que tem a linha de Índices de Sustentabilidade, constando o Índice de Carbono Eficiente (ICO_2) e o Índice de Sustentabilidade Empresarial (ISE).

2.1 Formas de sequestro de carbono

Existem muitas maneiras e projetos que visam ao sequestro de carbono da atmosfera, sendo projetos voluntários e, após analisados, os seus objetivos podem ser projetos potenciais para a emissão de CERs.

Segundo Seiffert (2009), os projetos de redução de emissões são baseados, em sua maioria, na implementação de processos relacionados com alternativas mais racionais e menos impactantes de consumo de energia, tanto qualitativa quanto quantitativamente, ou na produção de biocombustíveis a partir de matéria orgânica. Estes projetos geralmente envolvem: a) uso de energias alternativas (energias mais limpas), como energia solar, eólica, hidrogênio; b) implantação de Pequenas Centrais Hidrelétricas (PCHs); c) implantação de aterros controlados ou sanitários; d) aumento na eficiência no uso de combustíveis; e) obtenção de energia a partir de biomassa; f) biocombustíveis, entre outros.

Menciona ainda Seiffert que o interesse básico de implantação dessa categoria de projetos de MDL é obter reduções no volume de emissões de GEEs, tendo como base o volume de emissões que seria produzido no cenário alternativo, ou seja, na ausência da implantação e operação do projeto em suas condições diferenciadas.

Neste sentido, segundo Ferreira (2011), a valoração do meio ambiente é um dos aspectos mais críticos de todo o processo de contabilização, pois, em alguns casos, é preciso dar valor monetário a bens ou serviços que não têm preço estabelecido ou valor contratado, gerando incertezas que os contadores não estão acostumados. Entretanto, muitas vezes, essas incertezas são reflexos da falta de conhecimento dos métodos que podem ser utilizados e não uma restrição ao método em si.

Quando se estuda sobre o meio ambiente e a ecologia, somos levados a pensar em resultados a médio e longo prazos. Segundo Ferreira (2011), é muito difícil se obter resultados a curto prazo; embora a teoria contábil proponha várias formas de se avaliar os ativos e mensurar os passivos, a prática contábil se restringe aos métodos permitidos pela autoridade tributária do país, com interesses específicos.

2.2 Cálculo de crédito de carbono

Segundo informações do Portal Brasil (BRASIL, MMA, 2016):

> O cálculo do crédito de carbono é feito pela redução de emissão de GEE, sendo medida por cada tonelada de dióxido de carbono equivalente, representado da seguinte forma: tCO2e (equivalente). Cada tonelada de CO2e reduzida ou removida da atmosfera corresponde a uma unidade. Essa unidade é emitida pelo Conselho Executivo de MDL, denominada de Redução Certificada de Emissão (RCE) e representa 1 crédito de carbono.

Sendo assim, a ideia do MDL é que cada tonelada de CO2e e não emitida ou retirada da atmosfera por um país desenvolvido pode ser negociada no mercado mundial por meio de Certificado de Emissões Reduzidas (CER), que tem valor monetário e, no caso do Brasil, é comercializado através de leilões na BOVESPA.

Mas o que significa carbono equivalente? O termo equivalente, segundo o dicionário da língua portuguesa, significa algo que tenha o mesmo sentido, igual valor.

Em Ecycle (2016), o Protocolo de Quioto não abrangia apenas o dióxido de carbono, mas sim todos os gases poluentes causadores do efeito estufa, sendo que a concentração dos mesmos na atmosfera se dá principalmente devido à ação do homem.

Deste modo, foi necessário criar uma maneira de relacionar os gases de forma que todos fossem representados por uma mesma unidade.

Ferreira (2016) afirma que, assim, o termo "carbono equivalente" nada mais é que a representação dos demais gases de efeito estufa (GEEs) em forma de CO_2. E, para que exista essa conversão dos demais gases em CO_2, deve-se conhecer o Potencial de Aquecimento Global (*Global Warming Potential* – GWP) dos gases de efeito estufa, que são aqueles que dificultam ou impedem a dispersão para o espaço da radiação solar refletida pela Terra. Ou seja, é relacionado à capacidade que cada gás tem de absorver calor na atmosfera (eficiência radiativa), em um determinado tempo (geralmente 100 anos), comparada à mesma capacidade de absorção de calor por parte do CO_2.

Sendo assim, é necessária a aplicação dos cálculos para carbono equivalente quando se pretende tratar de gases de efeito estufa de forma generalizada. É preciso conhecer quais são as atividades que geram esses gases: Queima de combustível Fóssil e biomassa (**CO_2** – dióxido de carbono e **N_2O – óxido nitroso**); Decomposição de matéria orgânica (**CH_4 – metano**); Atividades industriais, uso de propulsores, espumas expandidas e solventes (**HFCs – hidrofluorcarbonos, PFCs – perfluorcarbonos e SF_6 – hexafluoreto de enxofre**); e o uso de fertilizantes (**N_2O – óxido nitroso**).

2.3 Registros de projetos insertos no protocolo

Segundo Ferreira (2016), apesar de estudos realizados, ainda se tem muitas dúvidas sobre a melhor forma técnica de registrar (contabilizar) essas operações, contudo, deixa uma sugestão de contabilização, mas sem ser a palavra final acerca do assunto.

Ao se falar sobre um projeto, é comum se referir ao estoque de carbono que o mesmo sequestra e comumente se diz que o produto a comercializar é a "permissão para emitir". Ferreira (2016, p.107) demonstra que o projeto pode ser dividido em três fases e o que pode ocorrer em cada uma:

> 1° – Estão sendo realizados os investimentos no projeto:
> – Gastos com contratação de consultorias e desenvolvimento de tecnologias.
> – Gastos com instalações físicas.
> Sugere que, de acordo com as mudanças decorrentes da Lei n° 11.638/07, que os gastos com consultoria sejam levados a resultado, num grupo de despesas específico (exemplo: Despesas Ambientais) e os gastos com instalações físicas sejam ativados no Ativo Permanente – Tecnologia de Limpeza.

2° – Início da operação e realização do sequestro:
Existe um período de acumulação de CO_2 e sequestrados, até que possam ser emitidos os certificados e estes autorizados pelas autoridades competentes. Enquanto isso, há de se reconhecer o fato de a empresa prestar um serviço ambiental e o mesmo se daria no Ativo Circulante, em novo subgrupo denominado Serviços de Sequestro de Carbono, em duas contas; uma para reconhecimento do sequestro antes da emissão do certificado – Sequestro de Carbono em Andamento – e outra para certificados já emitidos e colocados para negociação – Sequestro de Carbono Certificado. O valor a ser reconhecido é similar ao do processo produtivo e será o custo do serviço para o sequestro de carbono. Deverá ser reconhecido como perda e dado baixa no ativo quando o mesmo não puder ser vendido.
3° – Venda do certificado:
Deveria ser reconhecida sua baixa pelo valor de custo do serviço de sequestro e a receita pelo valor da venda do título, obtendo-se o resultado dessa operação. Contas sugeridas são Receita de Venda de Reduções Certificadas e Custo de Serviço de Sequestro de Carbono.

2.4 Relatórios contábeis

A Contabilidade Ambiental não é outro tipo de contabilidade; como menciona Ferreira (2016), *todos os eventos econômicos ou fatos contábeis relativos a ações realizadas pela entidade que, por consequência causam impacto ao meio ambiente, devem ser reconhecidos e registrados pelo sistema contábil.*

Sendo assim, os principais relatórios contábeis, o Balanço Patrimonial, a Demonstração de Resultado do Exercício, a Demonstração do Valor Adicionado (DVA) e as Notas Explicativas, além dos relatórios de caráter socioambiental como o Balanço Social, também chamado como Relatório Social ou Relatório de Sustentabilidade, complementam as informações para a correta e devida evidenciação para o assunto.

Ferreira (2016) também deixa uma regra, "evidenciar quando não se puder estimar e reconhecer quando for possível estimar", ou seja, se o cálculo não permitir estimativas razoáveis, evidenciar em Notas Explicativas e ainda, se for possível, estimar com razoável grau de assiduidade, provisionar, sendo isso válido para Ativos e Passivos Ambientais.

As Notas Explicativas são de fato um item de extrema importância para evidenciar como os cálculos foram feitos e para esclarecer os investimentos em prevenção, recuperação e reciclagem de material, gastos com indenizações e multas e outros relativos ao Meio Ambiente. Um fato importante com relação às certificações de carbono é que quando houver dúvidas quanto à sua possível certificação, esse mesmo seja informado em Notas Explicativas proferindo as devidas quantidades já sequestradas, o estágio da emissão do certificado e o preço médio do carbono na data do encerramento do período relatado.

3 Tributação verde

A Constituição Federal, em seu artigo 225, garante a todos o direito de um meio ambiente ecologicamente equilibrado, impondo-se ao poder público e à coletividade o dever de defendê-lo e preservá-lo. Fernandes e Kamimura (2016) mencionam que, agir de forma ambientalmente responsável, é uma obrigação da sociedade.

Segundo Abralatas (2016), para que seja possível uma economia de baixo carbono, é necessária a construção de uma política tributária que estimule a produção e o consumo de produtos sustentáveis. Juristas, economistas, ambientalistas e empresários brasileiros defendem que, para uma política tributária sustentável eficiente, é necessária a simplificação para assim viabilizar o benefício tributário a quem produz com menor impacto ambiental.

O tributarista e jurista Ives Gandra da Silva Martins citou, em um parecer ao Abralatas (2016), quais seriam os impostos mais adequados para cumprir essa função de compensação ambiental. Entre eles estão o Imposto sobre a Renda (IR), pois avalia como sendo um tributo muito adequado para uma política fiscal de incentivos; o IPI, que talvez seja o tributo de nível federal que mais se preste a estímulos fiscais de natureza ambiental; e os impostos estaduais como o ICMS e o IPVA.

Há também outros exemplos de tributos existentes na legislação tributária que poderiam ser utilizados para os estímulos corretos para uma produção com baixa emissão de carbono. Neste caso, além de poder ser aplicado sobre os tributos como IPI e IR, também se aplicaria ao Imposto de Importação (II) (VIALLI, 2016).

Uma observação que chama a atenção é o caso sobre o Imposto de Renda (IR), primeiro imposto brasileiro a ser empregado com uma função ambiental, onde constava da Lei nº 5.106, de 1966, a qual estabelece a possibilidade de abatimento ou desconto nas declarações de rendimento de pessoas físicas ou jurídicas, dos recursos empregados em reflorestamento. Isso também ocorre quando a legislação do IR permite a dedução pelas empresas de gastos com equipamentos, materiais ou mão de obra utilizados com o fim de proteger o meio ambiente.

Entretanto, a Política Nacional do Meio Ambiente, instituída pela Lei nº 6.938/81, aponta os tributos como mecanismos de proteção ambiental; apesar de não propor uma clara tributação com fins ambientais, a lei já previa um mecanismo pelo qual o poluidor deixará de usufruir de benefícios fiscais, em razão de atividade contrária ao meio ambiente.

Vialli (2016) ainda menciona conforme o Decreto nº 7.619/11, que regulamenta a concessão de crédito presumido de IPI na aquisição de resíduos sólidos. Segundo o decreto, as empresas que adquirem resíduos como matéria-prima para a fabricação de produtos poderão obter o ressarcimento das contribuições como o PIS/ Pasep e Cofins.

No âmbito federal na Política Nacional sobre Mudança do Clima, ainda não há nenhum instrumento tributário pronto para ser usado em termos de redução de emissões, mas a lei dá abertura para que isso ocorra num futuro. A curto prazo, muito improvável, se criaria um novo tributo, principalmente, sem uma reforma tributária mais abrangente.

Ainda segundo Vialli (2016), se os incentivos fiscais previstos pelas leis federais estão em compasso de espera, os Estados e Municípios obtêm sucesso em experiências de fomentar a proteção ambiental, utilizando impostos já existentes como o Imposto sobre a Propriedade Predial e Territorial Urbana (IPTU), Imposto sobre a Propriedade de Veículos Automotores (IPVA) e o Imposto sobre Circulação de Mercadorias e Serviços (ICMS).

O IPVA, no artigo 155, III da Constituição Federal, pode ter alíquotas diferentes em razão do tipo de veículo e natureza do combustível. Já o IPTU, na Constituição no artigo 156, I, pode se valer de alíquotas diferenciadas conforme a localização e o uso do imóvel urbano. A Lei nº 10.365, de 1987, do município de São Paulo, por exemplo, em seu artigo 17, garante aos contribuintes com vegetação de preservação permanente em seus imóveis o direito a incentivos fiscais. Há casos, como na cidade de Araraquara (SP), que é concedido desconto de até 40% no imposto, para imóveis que conservem área arborizada.

Ainda quanto ao IPTU, Vialli (2016) diz que, nos últimos dez anos, muitos municípios brasileiros passaram a conceder descontos no IPTU para imóveis com áreas verdes ou que utilizam tecnologias ambientalmente corretas como aquecimento solar, sistema de captação e tratamento de água da chuva e instalação de telhados verdes.

Já o ICMS Ecológico, ou verde, vem sendo utilizado por 17 estados, que passaram a legislar desde a década de 1990; com base no artigo 158, inciso II, da Constituição Federal; agregando um critério ambiental de redistribuição da parcela do imposto estadual aos municípios. Na prática, 75% do ICMS arrecadado pertence aos estados, enquanto 25% é repassado aos municípios. Desses 25%, três quartos (ou 18,75%) são repassados conforme o valor adicionado (proporcional a quanto cada município contribui na arrecadação); um quarto (6,25%) é definido conforme lei estadual – aqui entra o ICMS Ecológico. Segundo Ojidos (2016):

> A ideia inicial do ICMS Ecológico era compensar financeiramente os municípios localizados em áreas de preservação,

> que enfrentavam baixa arrecadação de impostos justamente por não terem indústrias ou outras atividades econômicas mais pujantes (http://www.icmsecologico.org.br).

Vialli (2016) ainda conclui que, na verdade, não há a necessidade de uma reforma fiscal no Brasil para a utilização dos tributos na proteção do meio ambiente. O que existe é sim uma série de recomendações ao governo: incentivar, mais do que sobretaxar as atividades econômicas, estimulando o desenvolvimento sustentável, sem gerar prejuízo às contas públicas e respeitando a Lei de Responsabilidade Fiscal; garantir que a política tributária voltada para a economia verde seja fiscal-neutra, ou seja, para cada aumento de tributação de determinada atividade poluidora, haja a concessão de um incentivo fiscal a uma atividade ambientalmente mais limpa ou que traga benefícios sociais. Por fim, recomenda reduzir subsídios governamentais pagos às atividades que são reconhecidamente poluidoras.

Conclusão

Tendo em vista que a contabilidade é uma das mais antigas ciências desenvolvidas pelo homem, ela é também a doutrina que contribuirá para que as pessoas consigam vislumbrar o valor dos recursos ambientais disponíveis para o uso. Neste sentido, abordou-se no desenvolvimento do tema que muitos desconhecem, devido à amplitude do conteúdo, a utilização de ferramentas gerenciais em favor de uma melhor qualidade de vida, considerando que, se não cuidarmos da maneira correta, não será possível manter uma boa condição dos recursos naturais disponíveis. Assim, é necessária a divulgação de temas correlatos para o conhecimento, discussão e maior participação da sociedade.

Existem inúmeras oportunidades para o desenvolvimento sustentável, de forma a contribuir ainda mais para o desenvolvimento econômico do país, gerando novos postos de trabalho, mais renda à população, além de garantir o crescimento econômico-financeiro de toda uma cadeia. Neste sentido, é de extrema importância que profissionais contábeis, gestores e empreendedores se informem sobre o assunto, desenvolvendo formas mais limpas para o propício desenvolvimento econômico e socioambiental.

Conclui-se, assim, que, por mais que identifiquemos em partes a necessidade de conter a emissão dos gases de efeito estufa, não se tem a dimensão de toda a problemática do assunto. É necessário que os profissionais observem a estrutura e o desempenho das empresas para implantação dos recursos na parte sustentável, mostrando as novas e possíveis formas de gerenciamento e tomadas de decisão, fazendo a utilização dos 5R's da sustentabilidade, verificando possíveis implantações dos mecanismos MDL e apropriando-se legalmente na utilização dos tributos sustentáveis.

Referências bibliográficas

ABRALATAS. *Tributarista aponta impostos que podem induzir menor impacto ambiental.* Disponível em: <http://www.ciclodedebatesabralatas.org.br/?p=4739>. Acesso em: 28 out. 2016.

BRASIL, MCC – Ministério da Casa Civil. *Lei nº 12.727, de 17 de outubro de 2012.* Disponível em: <http://www.planalto.gov.br/CCIVIL_03/_Ato2011-2014/2012/Lei/L12727.htm>. Acesso em: 05 jul. 2016.

BRASIL, MCT – Ministério da Ciência e Tecnologia. *Mecanismo de Desenvolvimento Limpo.* Disponível em: <http://www.cop15.gov.br/pt-BR/index7ed9.html?page=panorama/mecanismo-de-desenvolvimento-limpo%20-%2015/07/2016>. Acesso em: 14 maio 2016.

BRASIL, MMA – Ministério do Meio Ambiente. *Entenda como funciona o mercado de crédito de carbono.* Disponível em: <http://www.brasil.gov.br/meio-ambiente/2012/04/entenda-como-funciona-o-mercado-de-credito-de-carbono>. Acesso em: 14 maio 2016.

ECYCLE. *O que é carbono equivalente?* Entenda o que é o carbono equivalente e para que ele serve. Disponível em: <http://www.

ecycle.com.br/component/content/article/63/3071-o-que-e-carbono-equivalente-definicoes-emissoes-gases-efeito-estufa-creditos-carbono-protocolo-de-quioto-kyoto-aquecimento-global-florestamento-comercio-internacional-dioxido-de-carbono-metano-ozonio-cfc.html>. Acesso em: 26 out. 2016.

FERNANDES, Francisco Luiz; KAMIMURA, Brenda Mieko Carvalho. *Tributação Ambiental como pressuposto de tributação ética.* Disponível em: <http://www.ambito-juridico.com.br/site/?n_link=revista_artigos_leitura&artigo_id=13012>. Acesso em: 08 jun. 2016.

FERREIRA, Aracéli Cristina de Souza. *Contabilidade Ambiental*: uma informação para o desenvolvimento sustentável. São Paulo: Atlas, 2011.

FERREIRA, Lilian. *Entenda a COP*: perguntas e respostas sobre a Conferência do Clima. Disponível em: <http://noticias.uol.com.br/ciencia/ultimas-noticias/redacao/2010/11/27/entenda-a-cop-perguntas-e-respostas-sobre-a-conferencia-do-clima.htm>. Acesso em: 25 ago. /2016

MAGNABOSCO, André. *Brasil almeja mercado de crédito de carbono à espera de metas de redução de emissões.* Disponível em: <http://www.srb.org.br/noticias/article.php?article_id=7598>. Acesso em: 25 out. 2016.

OJIDOS, Flávio. *ICMS Ecológico.* Disponível em: <http://www.icmsecologico.org.br/site/>. Acesso em: 15 jun. 2016.

OLIVEIRA, José Carlos. *Comissão de Meio Ambiente aprova PIB Verde.* Disponível em: <http://www2.camara.leg.br/camaranoticias/radio/materias/ULTIMAS-NOTICIAS/426571-COMISSAO-DE-MEIO-AMBIENTE-APROVA-PIB-VERDE.html>. Acesso em: 07 dez. 2016.

PROTOCOLO DE KYOTO. *Países do Protocolo de Kyoto.* Disponível em: <http://protocolo-de-kyoto.info/paises-do-protocolo-de-kyoto.html>. Acesso em: 18 set. 2016.

SANTOS, Bruna Bianchi dos. *Protocolo de Quioto*: preocupação ambiental ou lucro com os créditos de carbono? Disponível em: <http://

ambitojuridico.com.br/site/?n_link=revista_artigos_leitura&artigo_id=10169&revista_caderno=5>. Acesso em: 18 out. 2016.

SEIFFERT, Mari Elizabete Bernardini. *Mercado de carbono e protocolo de Quioto*: Oportunidades de negócio na busca da sustentabilidade. São Paulo: Atlas, 2009.

SÓ BIOLOGIA. *Implementação Conjunta (IC).* Disponível em: <http://www.sobiologia.com.br/conteudos/Curiosidades/Creditos_de_carbono5.php>. Acesso em: 16 ag. 2016.

TUFFANI, Maurício. *Dez anos depois, Protocolo de Kyoto falhou em reduzir emissões mundiais.* Disponível em: < http://www1.folha.uol.com.br/ambiente/2015/02/1590476-dez-anos-depois-protocolo-de-kyoto-falhou-em-reduzir-emissoes-mundiais.shtml>. Acesso em: 08 abr. 2016.

VIALLI, Andrea. *Política Fiscal Verde.* Disponível em: <http://pagina22.com.br/2014/10/31/politica-fiscal-verde-contra-o-aquecimento-global/>. Acesso em: 15 maio 2016.

6

Desenvolvimento econômico versus desenvolvimento sustentável na ótica do século XXI: um breve conceito

Brigida Pimentel Villar de Queiroz[1]
Daniel Figueira de Barros[2]

Introdução

O desenvolvimento de um país não se confunde com o seu crescimento econômico, pois é importante perceber que, quando se fala em desenvolvimento sustentável, há de se notar a capacidade de suporte da natureza, já que a adjetivação "sustentável" é alvo de diversas conotações.

Sobre o conceito de desenvolvimento sustentável, este surge nos anos 70 com a alcunha de ecodesenvolvimento, sendo uma terceira via para o embate de *zeristas* versus desenvolvimentistas.

Cabe explicitar que muitos países se queixavam de não atingir o desenvolvimento econômico por conta de fatores exógenos (questões internacionais como sanções econômicas externas, países que

---

1 Doutora e Mestre em Microbiologia Agrícola e Microbiologia Aplicada; docente na Escola de Engenharia de Piracicaba – EEP.
2 Doutor e Mestre em Geociências e Meio Ambiente; Professor e Membro do Núcleo de Educação Ambiental do Centro Universitário Salesiano de São Paulo, UNISAL.

compram de uns e não de outros), com dificuldade de reconhecimento que a causa de sua pobreza e inanição econômica se tornara por fatores endógenos. Tais países não faziam suas "lições de casa" no plano institucional, governamental e social e, com isso, culpavam a conjuntura internacional pelos seus fracassos.

As necessidades econômicas para o século XXI devem estar em consonância com a capacidade de suporte da natureza. As nações e a população mundial devem analisar se o acúmulo de bens é o real caminho para a felicidade e crescimento econômico; se a capacidade do meio ambiente em fornecer recursos para a produção de bens é compatível; se as pessoas estarão dispostas a ter menos e compartilhar bens de outrem, bem como pagar mais por justiça ambiental em troca de um país com baixo crescimento. Essas reflexões estão dispostas a seguir num plano breve e permeado por diversas posições de autores que defendem um novo mundo com foco em uma nova economia voltada para a preocupação com o meio ambiente.

1 O que é desenvolvimento?

Em geral, há grande dificuldade de se definir o que é desenvolvimento; entende-se, muitas vezes, como sinônimo de crescimento econômico. Este capítulo apresenta diversos conceitos, porém não possui uma conclusão clara, com base em um único conceito.

Arrighi (1997) afirma que o crescimento é uma quimera, uma ilusão, algo fantasioso. Já Furtado (1998) compreende o desenvolvimento como um mito e, sendo assim, congrega uma série de hipóteses que não podem ser testadas. Contudo, tal mito serve como orientação em um plano intuitivo, um farol, uma construção cultural, para que outrem anseie a alcançá-lo.

A interessante abordagem sobre o tema é dada por Sen (2010). Para ele, a expansão de liberdade deve ser vista como o principal fim e o principal meio do desenvolvimento, consistindo na eliminação de tudo o que limita as escolhas e as oportunidades das pessoas. Neste sentido, o crescimento econômico pode ser muito importante como um meio de expandir as liberdades usufruídas pelos membros de uma sociedade, removendo fontes de privação de liberdade como pobreza, tirania, carência de oportunidades econômicas, entre outros.

O autor construiu sua visão alternativa apoiado na convicção de que a promoção do bem-estar (o que se quer afinal com o desenvolvimento) deve orientar-se por uma resposta adequada à pergunta: onde está o valor próprio da vida humana? Na vida de qualquer pessoa, certas coisas são valiosas por si mesmas, como estar livre de doenças, escapar da morte prematura, estar bem alimentado, ser capaz de agir como membro de uma comunidade, agir livremente e não ser dominado pelas circunstâncias, ter oportunidade para desenvolver suas potencialidades. Há muitos males sociais que privam as pessoas de viverem minimamente bem: a pobreza extrema, a fome coletiva, a subnutrição, a destituição e a marginalização sociais, a privação de direitos básicos, a carência de oportunidades, a opressão e a insegurança econômica, política e social.

Enfim, com diversos pontos de vista, poder-se-ia cogitar que o desenvolvimento tem sido uma exceção histórica e não a regra geral. Ele não é o resultado espontâneo da livre interação das forças de mercado, sendo tão somente uma entre as várias instituições que participaram do processo de desenvolvimento, visto que, países que aplicaram as prescrições cultuadas no Consenso de Washington se saíram bem até então, apesar de divergências, não havendo uma regra ortodoxa a ser seguida para uma nação a se desenvolver.

2 O que é sustentabilidade?

O termo sustentabilidade ganha força por meio do Relatório *Brundtland* (também intitulado Nosso Futuro Comum – *Our Common Future*), publicado em 1987, elaborado pela Comissão Mundial sobre o Meio Ambiente e o Desenvolvimento, fazendo parte de uma série de iniciativas, anteriores à Agenda 21, as quais reafirmam uma visão crítica do modelo de desenvolvimento adotado pelos países industrializados e reproduzido pelas nações em desenvolvimento, ressaltando os riscos do uso excessivo dos recursos naturais sem considerar a capacidade de suporte dos ecossistemas. O relatório aponta para a incompatibilidade entre desenvolvimento sustentável e os padrões de produção e consumo vigentes (UN, 1987).

Nesta esteira, o desenvolvimento deve satisfazer as necessidades presentes, sem comprometer a capacidade das gerações futuras de suprir suas próprias necessidades. Eis uma controvérsia intrigante: o que é sustentável?

Há grandes divergências com relação ao termo "sustentabilidade" e diversas perspectivas no sentido de existir um entendimento mais atual de que não há dilema entre conservação ambiental e crescimento econômico, pois há uma capacidade de suporte do planeta que deve ser respeitada. Esta é a perspectiva defendida para o baixo crescimento dos países, pois a natureza tem limites que condicionam o crescimento econômico (DALY, 1989). Eis a clássica discórdia entre os neoclássicos e a economia ecológica.

O valor atribuído ao meio ambiente deve ser zero ou infinito, considerados bens gratuitos e não presentes na contabilidade econômica, apesar de serem usados na produção de bens e de serviços (DALY e FARLEY, 2004). Contudo, a corrente da Economia Ambiental (ou ecológica), que é considerada a principal resposta da Economia Neoclássica à problemática ambiental, representa uma resposta à sociedade sobre o papel dos ecossistemas na dinâmica econômica.

Considerando a economia como um sistema fechado, no qual se analisam os fluxos monetários, de trabalho e de renda entre as pessoas e as unidades produtivas (empresas), a teoria econômica tradicional – neoclássica – equivoca-se ao não contabilizar que as matérias-primas necessárias para serem transformadas em bens de consumo e, consequentemente, para gerar renda, vinham da natureza – e que tais recursos eram ilimitados. Da mesma maneira, não se preocupa com o fato de que a natureza é o depósito final para todos os resíduos gerados pelas atividades produtivas – ou percebe como ilimitada a capacidade da natureza em absorver tais resíduos e que o planeta apresenta uma capacidade de suporte limitado (WEINTRAUB, 2002).

Já a corrente da Economia Ecológica entende o sistema econômico como sendo um sistema aberto, além disso, que as relações entre empresas e pessoas não podem ocorrer indefinidamente, uma vez que existem limites impostos pelos ecossistemas que afetam esta relação, e que há limites na capacidade dos ecossistemas de absorverem os resíduos gerados pelo sistema econômico.

Neste sentido, a terceira lei da termodinâmica, a lei da entropia, reza que por mais que os processos de reciclagem ganhem eficiência, existe sempre perda de material e energia ao longo da cadeia de produção (ROMEIRO, 2012).

Considerando o princípio da precaução, condições objetivas devem ser criadas a fim de permitir o surgimento de novas instituições capazes de impor restrições ambientais que atinjam mais profundamente a racionalidade econômica atual. O objetivo seria tratar de uma situação ambivalente, considerando legítima a adoção por antecipação de medidas relativas a uma fonte potencial de danos, sem esperar que se disponha de certezas científicas quanto às relações dc causalidade entre a atividade em questão e o dano temido (ROMEIRO, 1999).

Neste diapasão, Romeiro (2012) enfoca que, para ser sustentável, o desenvolvimento deve ser economicamente sustentado (ou eficiente), socialmente desejável (ou includente) e ecologicamente prudente (ou equilibrado), amarrando as diversas ideias expostas. Neste sentido, esta nova concepção reforça o preconizado pelo Clube de Roma que relaciona limites de suporte ambiental do planeta versus crescimento econômico.

Há a proposição do mencionado autor de que existe a urgente necessidade de baixo crescimento por parte das nações, sendo que urge a imprescindibilidade de se estar num momento econômico estacionário para a adequação de suporte do planeta e que os agentes econômicos internalizem os custos da degradação. Desta forma, o consumidor, devidamente consciente da situação do meio ambiente, estará apto e consciente a pagar por isso.

3 Como medir o desenvolvimento?

Com relação aos índices que visam medir o desenvolvimento econômico de uma nação, há uma "miríade" de índices e técnicas de medição, análise e investigação, embora sem grande concordância entre diversos autores em sua sistemática, padrões e elementos a serem adotados nos instrumentos de medição.

Para Sen (2010), como visto anteriormente, o desenvolvimento é a expansão das liberdades substantivas. Contudo, como criar um indicador capaz de captar tal fenômeno mediante um indicador sintético? Assim, tal autor afirma que quanto mais se desenvolvam tabelas, por melhores que possam ser, nunca a renda per capita será colocada em xeque, pois, mesmo que variados índices e tabelas sejam desenvolvidos, os intelectuais tentem a retomar a renda per capita, devido à sua simplicidade e comodidade.

Afirma Veiga (2005) que, na concepção de Sen e de Ul Haq (1995), só há desenvolvimento quando os benefícios do crescimento servem à ampliação das capacidades humanas, entendidas como o conjunto das coisas que as pessoas podem ser, ou fazer, na vida. E são quatro as mais elementares: ter uma vida longa e saudável, ser instruído, ter acesso aos recursos necessários para uma vida digna e ser capaz de participar da vida da comunidade.

Segundo os dois autores supracitados, para que haja desenvolvimento, é fundamental que as pessoas sejam livres, exercendo seus direitos, envolvendo-se, dessa forma, nas decisões que afetarão suas vidas. Assim, o objetivo do desenvolvimento deve ser o de alargar as liberdades humanas.

Voltando à discussão sobre os índices de medição de desenvolvimento, o Relatório de 2004 do Programa das Nações Unidas para o Desenvolvimento (PNUD) enfatiza que o desenvolvimento depende da maneira como os recursos gerados pelo crescimento econômico são utilizados – se para fabricar armas ou para produzir alimentos, se para construir palácios ou para fornecer água potável (VEIGA, 2005).

Todavia, ao se usar o Índice de Desenvolvimento Humano (IDH), distorções, tais como considerar que nem sempre o rendimento é transformado em desenvolvimento, podem ocorrer. Países com Produto Interno Bruto (PIB) per capita superior podem apresentar um IDH mais baixo que países com o PIB per capita inferior. Países com o mesmo nível de rendimento têm grandes diferenças de IDH.

No Brasil, vários índices/critérios/medições são utilizados para se considerar o desenvolvimento. Contudo, nenhum é realista e preciso, cita-se, como exemplo, o Índice Paulista de Responsabilidade Social (IPRS) que, de acordo com Veiga (2005), não é um índice. Embora apresente maior sofisticação e dados mais atualizáveis que o IDH (tendo as mesmas dimensões que este), não chegou a incorporar outras dimensões do desenvolvimento, como a ambiental, a cívica e a cultural, mas se diferencia de outro índice utilizado no Brasil como o Índice de Desenvolvimento Humano Municipal (IDH–M), o qual considera longevidade, educação e renda.

Outro índice interessante é o Índice de Desenvolvimento Social que conjuga cinco componentes com pesos iguais: a) saúde, com indicadores de expectativa de vida ao nascer e a taxa de sobrevivência infantil (o complemento para 1 da taxa de mortalidade infantil); b) educação, com taxa de alfabetização e indicadores da escolaridade média, medida por anos de estudo; c) trabalho, com taxas de atividade e de ocupação; d) rendimento, com PIB per capita e coeficiente de igualdade (o complemento para 1 do coeficiente de Gini); e) habitação, com disponibilidade domiciliar de água, energia elétrica, geladeira e televisão (VEIGA, 2005).

Em síntese, pergunta-se: como pode ser medido o desenvolvimento? A maior dificuldade está na natureza, necessariamente multidimensional do processo de desenvolvimento.

4 Como medir a sustentabilidade?

Diante do denominado "Livro azul" ("Indicadores de desenvolvimento sustentável: marco e metodologias"), vemos um conjunto de 143 indicadores, que foram reduzidos a uma lista mais curta, com apenas 57. O Instituto Brasileiro de Geografia e Estatística (IBGE) lançou, em 2002 e 2004, os primeiros indicadores brasileiros de desenvolvimento sustentável (VEIGA, 2005).

A importância desses dois trabalhos pioneiros do IBGE não deve ser subestimada pelo fato de a maioria de suas estatísticas e indicadores se referir mais ao tema do desenvolvimento do que ao tema da sustentabilidade. Foi a primeira vez que uma publicação dessa natureza incluiu explicitamente a dimensão ambiental ao lado da social, da econômica e da institucional. Foi possível apresentar 17 indicadores fundamentais, organizados em cinco temas essenciais: "atmosfera", "terra", "oceanos, mares e áreas costeiras", "biodiversidade" e "saneamento" (IBGE, 2015).

Sem um bom e preciso termômetro de sustentabilidade, o mais provável é que todos ainda continuem a usar apenas índices de desenvolvimento (quando não de crescimento), deixando de lado a dimensão ambiental.

Veiga (2005) salienta que o Índice de Sustentabilidade Ambiental (ESI – 2002), elaborado por pesquisadores das universidades de Yale e Columbia, calculado para 142 países, é outro instrumento significativo para medição de sustentabilidade.

Esse índice considera cinco dimensões: sistemas ambientais, estresses, vulnerabilidade humana, capacidade social e institucional e responsabilidade global. A opção dos criadores do ESI foi pelo método de análise estatística de *clusters*, o qual permite identificar os grupos de países com perfis semelhantes. Assim, surgiram cinco tipos ou grupos, que são bem numerosos no extremo: 47 de alta vulnerabilidade ambiental e 53 de moderada vulnerabilidade e média capacidade socioinstitucional de responder aos problemas ambientais. Apesar de terem tido sucesso em estabelecer esses cinco grupos de países em função de seu grau de sustentabilidade ambiental, os autores do ESI – 2000 advertem que ainda faltam dados estatísticos razoáveis e concretos sobre diversos fatores críticos.

Finalmente, há de se deixar um questionamento sobre levar em consideração o tema da justiça ambiental, tão pouco tratado em detrimento de justiça social, que também é fator importante.

5 Projeções e anseios de desenvolvimento econômico para o século XXI

O paradoxo de Easterlin é um conceito-chave em economia da felicidade (termo oriundo do inglês *happiness economics*). Richard Easterlin descobriu que, dentro de um determinado país, as pessoas com rendimentos mais elevados eram mais propensas a relatar que eram felizes, salientando que rendimentos financeiros elevados têm correlação com felicidade, mas, a longo prazo, não existe correlação entre o aumento do rendimento e o aumento da felicidade.

No entanto, nas comparações internacionais, a média do nível de felicidade reportada não acompanhava estritamente o aumento do rendimento nacional *per capita*, pelo menos para os países com rendimentos suficientes para satisfazer as necessidades básicas. Da mesma forma, embora o rendimento *per capita* tenha aumentado constantemente nos EUA entre 1946 e 1970, a média da felicidade reportada não apresentou nenhuma tendência de longo prazo e declinou entre 1960 e 1970. A diferença nos resultados internacionais e em nível micro fomentou um corpo permanente de pesquisa (CLARK *et al*, 2008).

Contudo, ficou claro que rendimentos elevados têm correlação com a felicidade, mas, a longo prazo, não existe correlação entre o aumento do rendimento e o aumento da felicidade; complementarmente Oishi e Kesebir (2015) evidenciam que a felicidade dos cidadãos aumenta com o crescimento econômico, desde que haja distribuição justa de riquezas. Quando há desigualdade de renda, a felicidade gerada pelo crescimento econômico é anulada pela insatisfação ocasionada por essa desigualdade.

Alguns economistas defendem a ideia de que o crescimento da produção de bens e serviços é cada vez menos considerado para o caminho do bem-estar e da felicidade. Assim, quanto mais carros as pessoas têm, mais problemas de deslocamento elas terão e novas modalidades de deslocamento que garantam à pessoa um pouco mais de conforto e bem-estar serão necessárias. Abramovay (2012) destaca que a economia verde e a sociedade da informação em rede abrem caminhos de inovação inéditos. Assim, *ampliar o conhecimento, fortalecer redes sociais, fazer descobertas e propiciar invenções são atividades que até hoje se associam de forma praticamente imediata ao incremento das trocas mercantis e, condicionam-se, portanto, ao crescimento econômico.*

Neste sentido, o autor exemplifica que o transporte via compartilhamento de carro (economia compartilhada), difundido pela rede de pessoas, propiciará um melhor uso do transporte e mobilidade urbana. Por assim ser, o descolamento entre a produção de bens e serviços e sua base material e energética deveria ocorrer a um ritmo que pode ser acelerado consideravelmente, com resultados sociais e ambientais extraordinariamente positivos, mesmo que a ecoeficiência seja bem mais acelerada. O descolamento entre o que se produz e a base material e energética em que repousa a produção é apenas relativo e tem como contrapartida uma elevação absoluta no consumo de recursos.

Em suma, a economia da informação em rede favorece as formas de ação coletiva que não se baseiam nem no sistema de preços nem nas práticas típicas das firmas ou dos grupos de firmas. Está surgindo uma nova esfera pública, que não se confunde com o mercado nem com as hierarquias organizacionais públicas e privadas. A sociedade da informação em rede resulta de revolução científica na qual converge comportamentos humanos cooperativos e formas inéditas de organização do Estado, dos negócios e da vida associativa (ABRAMOVAY, 2012).

Neste sentido, esta nova concepção vem reforçar o preconizado pelo Clube de Roma que relaciona limites de suporte ambiental do planeta versus crescimento econômico.

Assim, seria interessante manter o bem-estar socioeconômico e ambiental com a mesma quantidade (ou mais) de produção, contudo, com o uso de menos recursos, nos termos do fator 4 (redução de energia e o uso de materiais em 75%; hoje se cogita o uso do fator 10 – redução de 90% de usos de recursos). Pelo fator 4, o objetivo é de se ter o dobro da produção com metade dos recursos (materiais e energia) (VON WEIZSACKER, 1997).

Conclusão

A definição real e o entendimento sobre o desenvolvimento econômico das nações e também sua compatibilidade com desenvolvimento sustentável são difíceis. Percebe-se que, para um mundo melhor, o desenvolvimento de uma nação deve ser economicamente sustentado, socialmente includente e ecologicamente equilibrado.

Destaca-se que, pelas ideias expostas neste estudo, o baixo crescimento deve ser compatível com a nova realidade do século XXI, com necessidade de um momento econômico estacionário para os países, a fim de que haja a adequação de suporte de recursos naturais do planeta e que os agentes econômicos internalizem os custos da degradação. Nesta concepção, o consumidor estará apto e consciente a pagar por isto. Assim sendo, a ideia de sustentabilidade da economia ecológica se apoia também num baixo crescimento. A população deve estar consciente em aceitar restrições ambientais, colocando-se disposta a pagar mais (por produtos ambientalmente certificados) com foco numa preocupação ambiental, aderindo ao baixo crescimento e compartilhando de seus bens, pois o consumismo desenfreado como fator de emulação social (competição) não será mais um fator ou índice de felicidade.

Referências bibliográficas

ABRAMOVAY, Ricardo. *Muito Além da Economia Verde*. São Paulo: Abril, 2012.

ARRIGHI, Giovanni. *A Ilusão do Desenvolvimento.* Rio de Janeiro: Ed. Vozes, 1997.

CLARK, Andrew E., Frijters, Paul, and Shields, Michael A. *Relative Income, Happiness, and Utility*: An Explanation for the Easterlin Paradox and Other Puzzles, Journal of Economic Literature, 46(1), p. 95-144. Nashville. EUA. 2008.

DALY, Herman E. *Economía, ecología e ética: Ensayos hacia una economía en estado estacionario.* México: Fondo de cultura económica, 1989.

DALY, H., Farley, J. *Economia Ecológica*: princípios e aplicações. Lisboa: Instituto Piaget. 2004.

FURTADO, Celso. *O Mito do Desenvolvimento Econômico.* São Paulo: Ed. Paz&Terra, 1998.

IBGE - Instituto Brasileiro de Geografia e Estatística. *Indicadores de Desenvolvimento Sustentável Brasil 2015.* (2015). Disponível em: <http://biblioteca.ibge.gov.br/visualizacao/livros/liv94254.pdf>. Acesso em: 15 ago. 2017.

OISHI, Shigehiro; KESEBIR Selin (2015). *Income Inequality Explains Why Economic Growth Does Not Always Translate to an Increase in Happiness.* Psychological Science. Disponível em: <http://journals.sagepub.com/doi/10.1177/0956797615596713>. Acesso em: 02 mai. 2017.

ROMEIRO, Ademar Ribeiro. *Desenvolvimento sustentável:* uma perspectiva econômico-ecológica. (2012). Disponível em: <http://www.scielo.br/scielo.php?pid=S0103-40142012000100006&script=sci_abstract&tlng=pt>. Acesso em: 22 out. 2017.

______. *Desenvolvimento sustentável e mudança institucional*: notas preliminares. Disponível em: <http://www.eco.unicamp.br/docprod/downarq.php?id=1698&tp=a>. Acesso em: 23.out.2017.

SACHS, Ignacy. *Desenvolvimento*: includente, sustentável, sustentado. Rio de Janeiro: Ed. Garamond, 2004.

SEN, Amartya. *Desenvolvimento como Liberdade.* São Paulo: Ed. Companhia de Bolso, 2010.

UL HAQ, Mahbub. *Reflections on human development.* New York: Oxford University Press, 1995.

UN – United Nations. *Report of the World Commission on Environment and Development*: Our Common Future. Disponível em: <http://www.un-documents.net/our-common-future.pdf>. Acesso em: 13 jul. 2017.

VEIGA, José Eli. *Desenvolvimento Sustentável*: O desafio do século XXI. Rio de Janeiro: Garamond Universitária, 2005.

VON WEIZSACKER, Ernst U. *Factor Four*: Doubling Wealth, Halving Resource Use - A Report to the Club of Rome. Reino Unido: Earthscan, 1997.

WEINTRAUB. E. Roy. *Neoclassical Economics.* Disponível em: <http://www.econlib.org/library/Enc1/NeoclassicalEconomics.html>. Acesso em: 22 jul. 2017.

II

EDUCAÇÃO ÉTNICO-RACIAL

7

Relações étnico-raciais e currículo

Lucineia Chrispim Pinho Micaela[1]
Tathiane Cecília Eneas de Arruda[2]

Introdução

Apresentamos, neste capítulo, as possíveis relações que podem ser estabelecidas no campo educacional entre o Currículo e as Relações Étnico-Raciais.

Tratar do tema "currículo" por si só já é um desafio complexo ao considerarmos que ele vai muito além de um conjunto de disciplinas. É compreendê-lo em uma perspectiva mais ampla, como uma área do conhecimento, e, portanto, como um documento vivo, com desdobramentos esperados em sala de aula, contribuindo na construção da identidade das pessoas, em especial, na profissionalidade em formação dos educadores.

Para tal, esta análise partilha uma visão histórica e conceitual de currículo, bem como uma análise das Diretrizes Curriculares para a Educação das Relações Étnico-Raciais e para o Ensino de

---

1 Mestre em Administração; Coordenadora do Curso de Pós-Graduação em Educação e do Núcleo de Educação Étnico-Racial do Centro Universitário Salesiano de São Paulo, UNISAL.
2 Doutoranda em Educação; Coordenadora dos Cursos de Pós-Graduação em Neurociências e Educação e Psicopedagogia; Professora de Cursos de Graduação e Pós-Graduação do Centro Universitário Salesiano de São Paulo, UNISAL, Unidade São Paulo/Santa Teresinha; Pedagoga no Instituto Federal de Educação Ciência e Tecnologia de São Paulo – IFSP.

História e Cultura Afro-Brasileira e Africana – Lei n.º 10.639/2003 e a Resolução n.º 01 de 17/06/2004, documentos fundamentadores de Projetos Pedagógicos de Cursos de Formação de Professores.

1 Currículo: um campo de conhecimento ainda em construção

A construção da ideia de currículo é complexa, tanto do ponto de vista histórico quanto do ponto de vista relacionado ao campo da formação de professores. A partir do processo histórico, sabemos que a palavra currículo tem sua origem no latim *scurrere* ou *curriculum*, que pode ser traduzida como correr, curso a ser seguido, a ser apresentado.

Para Goodson (1995), a palavra currículo pode ser, também, o caminho da vida ou das atividades de uma pessoa ou grupo e, ainda, em se tratando de um currículo educacional, o percurso, o caminho a ser seguido na escola.

Alarcão (2008) apresenta a ideia de que currículo pode ser definido como: *conjunto de aprendizagens proporcionadas pela escola e consideradas socialmente necessárias num dado tempo e contexto.*

A partir dos conceitos citados, percebemos que o currículo pode ser considerado como uma possibilidade de itinerário formativo, ou seja, o que se quer alcançar em diversas modalidades de ensino durante um percurso de formação.

Historicamente, em 1663, foi encontrado, em documentos da Universidade de Glasgow, Escócia, o que, muito provável, pode ser considerado como uma das formulações mais antigas sobre currículo: *atestado de graduação outorgado a um mestre dessa instituição de ensino* (GOODSON, 1995; SAVIANI,1994).

Para Goodson e Saviani, entre os anos de 1920 e 1950, os primeiros estudos sobre currículo foram realizados na América do Norte, ainda sob a influência do modelo tecnicista de natureza prescritiva, baseados nas categorias de controle e eficiência social.

Apresentavam como conceito de currículo uma grade curricular, na qual constavam disciplinas, conteúdos, carga horária, métodos e técnicas de ensino e avaliação dos objetivos preestabelecidos, o que corrobora com a perspectiva tecnicista da época. O currículo, nesse contexto, é compreendido como um campo supostamente neutro, instrumento de racionalização da atividade educativa e controle do planejamento.

Ao final de 1960 e início de 1970, Forquin (apud MUSGROVE, 1968) identifica uma outra abordagem que tem como um de seus representantes Frank Musgrove, o qual centralizou seus estudos na natureza social das construções curriculares, verificando como as matérias escolares conferem a seus membros um forte sentimento de identidade.

A partir do "Manifesto dos Pioneiros da Educação Nova", de 1932, redigido por Fernando de Azevedo e assinado por vários outros educadores, entre os quais Anísio Teixeira, Lourenço Filho, Paschoal Leme,[3] o currículo passa a ser considerado, no Brasil, como área do conhecimento e adotado como fundamento teórico na organização curricular do ensino na década de 1970, mesmo ano em que uma nova Sociologia da Educação associa os estudos acerca do currículo a um programa de crítica político-cultural radical. Nesse contexto, os autores passam a defender a ideia de que o currículo não é neutro e nem meramente tecnicista, ao contrário, ele é, potencialmente, uma possibilidade de autorrealização do sujeito a partir dos objetivos (MOREIRA; SILVA,1995).

Em meados de 1980, há, no Brasil, um novo "repensar" sobre o conceito de currículo, numa perspectiva de examinar as relações entre o próprio currículo e a estrutura social, cultural, ideológica e de controle social. Com base nisso, são produzidos estudos que estabelecem diferenças entre o currículo formal/oficial, o real e o oculto.

---

3 "Manifesto dos Pioneiros da Educação Nova", de 1932, disponível em: <http://www.histedbr.fe.unicamp.br/revista/edicoes/22e/doc1_22e.pdf>. Acesso em: 25 set. 2017.

No período de 1990 a 2015, a educação foi o foco de inúmeras reformas oficiais, de políticas educacionais diversas, que implantaram mudanças na organização dos sistemas de ensino, no currículo e no cotidiano das escolas. Como exemplo de algumas dessas reformas, podemos citar o Programa Nacional do Livro Didático (PNLD); a instituição dos Parâmetros Curriculares Nacionais (PCNs); a implantação do Fundo de Manutenção do Ensino Fundamental e de Valorização do Magistério (Fundef); o Programa de Informatização das Escolas (Proinfo); o Sistema de Avaliação da Escola Básica (Saeb), entre outras.

De 1996 a 2015, os estudos sobre o currículo tomaram uma dimensão ampliada no debate acadêmico, pois passaram a fazer parte de discussões em Grupos de Trabalho (GTs) da Associação Nacional de Pesquisa e Pós-Graduação em Educação – ANPEd; de Fóruns Mundiais de Educação; de seminários, colóquios, mesas-redondas e estudos em Pós-Graduação *stricto sensu*. Ou seja, os estudos em Currículo como área do conhecimento encontram uma centralidade nas discussões acerca do campo da Educação como um todo.

Em termos legais, no Brasil, o conceito de currículo aparece nas três grandes Leis de Diretrizes e Bases da Educação – LDB, como na 1.ª LDB n.º 4024/61, a qual considera o currículo como um "*rol*" de disciplinas, uma listagem das matérias a serem cursadas pelas pessoas. Já na LDB n.° 5692/1971, é apresentado o conceito de Currículo Pleno, o qual passa a ser um conjunto de disciplinas, *áreas de estudos* e matérias fixadas; na LDB n.º 9394/96, o currículo passa a ser visto como processo de formação do aluno.

A partir desses documentos legais, é possível perceber a evolução do conceito de currículo no diálogo com as alterações existentes na sociedade e com toda a sua estrutura, porém, sem deixar de visualizar os conteúdos essenciais para a formação da pessoa.

A partir da instituição dos PCNs, em 1998, pode-se dizer que o Brasil passa a ter um currículo nacional, oficial, ou seja, metas, objetivos e conteúdos a serem tratados nacionalmente, uma compreensão de que é por meio do currículo, enquanto área do conhecimento, que se discutem os grandes problemas sociais, éticos, políticos e educacionais.

2 Educação das relações étnico-raciais e ensino de história e cultura afro-brasileira e africana

A "Marcha Zumbi dos Palmares contra o Racismo pela Cidadania e a Vida", realizada em Brasília, em 1995, tornou-se um importante marco de mobilização, com o objetivo de apresentar ao governo e à sociedade um programa de ações para a superação do racismo e das desigualdades raciais no Brasil. Neste período, muitas Universidades elaboraram documentos[4] com propostas para as políticas antirracistas, as denominadas "Ações Afirmativas" com foco na educação.

No mesmo ano, no entanto, com ações tímidas e lentas, os agentes do Poder Executivo do Estado brasileiro, pressionados por legisladores sensibilizados ou comprometidos com os movimentos sociais, começaram a viabilizar as reivindicações do movimento negro com a criação de um Grupo de Trabalho Interministerial (GTI) de Valorização da População Negra, no Ministério da Justiça (MJ). Nesse momento, teve início uma pequena manifestação do Estado para atender às reivindicações da população negra. O Estado, como responsável por garantir iguais direitos para o pleno desenvolvimento de todos os brasileiros, passa a intervir com políticas de promoção, por meio da educação, de atendimento às reivindicações dos afro-brasileiros:

> Sem a intervenção do Estado, os postos à margem, entre eles os afro-brasileiros, dificilmente, e as estatísticas o mostram sem deixar dúvidas, romperão o sistema

4 Zumbi. Tricentenário da Morte de Zumbi dos Palmares. Documentário de valor histórico inestimável produzido pela Organização da Marcha Zumbi dos Palmares – 1995, realizado em Brasília, em alusão aos 300 anos da morte de Zumbi. Momento de articulação política ímpar do Movimento Negro. Os resultados desta ação continuam repercutindo na formulação de políticas públicas no Brasil.

> meritocrático que agrava desigualdades e gera injustiça, ao reger-se por critérios de exclusão, fundados em preconceitos e manutenção de privilégios para os sempre privilegiados (BRASIL, 2004, p. 11).

Conforme determinado pela Resolução do Conselho Nacional de Educação – Conselho Pleno – CNE/CP Nº 01/2004,[5] que institui as *Diretrizes Curriculares Nacionais para a Educação das Relações Étnico-Raciais e para o Ensino de História e Cultura Afro-Brasileira e Africana*, as instituições de Ensino Superior deverão incluir, nos componentes curriculares e atividades curriculares dos cursos que ministram, a Educação das Relações Étnico-Raciais, bem como o tratamento de questões e temáticas que dizem respeito aos afrodescendentes e indígenas, tendo como objetivo a promoção da educação de cidadãos atuantes e conscientes, buscando relações étnico-sociais positivas, rumo à construção de uma nação democrática na qual se respeite o direito de todos.

Os Parâmetros Curriculares Nacionais (PCNs 2001) explicitam que a escola usufrui de um espaço privilegiado para a construção da igualdade, bem como da desconstrução e eliminação de todas as discriminações e do racismo: em primeiro lugar, por possibilitar a interação de pessoas de diferentes origens étnicas, culturais, sociais e religiosas; em segundo lugar, por permitir a construção de regras para o convívio democrático com o diferente; em terceiro lugar, por fomentar o exercício da cidadania.

A escola pode, ainda, combater os estigmas e estereótipos que rotulam negros e indígenas como "fracassados", aqueles fadados ao insucesso, promovendo a construção de outra percepção de seu grupo étnico-racial, por meio do combate à ideia de inferioridade.

O governo brasileiro promulgou, em janeiro de 2003, a Lei n.º 10.639/03, que alterou a Lei n.º 9394/1996 (Lei de Diretrizes e Bases da Educação Brasileira), estabelecendo a obrigatoriedade

---

5 Disponível em: <http://portal.mec.gov.br/cne/arquivos/pdf/res012004.pdf>. Acesso em: 25 set. 2017.

do ensino de História e Cultura Afro-brasileiras e Africana, atendendo, desta forma, a uma das mais antigas reivindicações do Movimento Negro Brasileiro.

A luta por igualdade na educação continua, mesmo com o passar dos anos. Na intenção de promover o reconhecimento de negros e de indígenas no currículo escolar, foram organizadas outras campanhas, projetos e legislação.

Em 10 de março de 2008, foi promulgada a Lei n.º 11.645/08, uma das grandes conquistas para o reconhecimento social do negro e do indígena. A obrigatoriedade do ensino de História e Cultura Afro-Brasileira e Indígena em todas as escolas, públicas e privadas do território brasileiro, foi explicitada no texto legal.

Essa lei tem uma abrangência maior, abordando uma série de questões primordiais, não se atendo somente à questão da escravidão e do preconceito. Trata da importância do reconhecimento do negro e do indígena como pilares na formação da sociedade brasileira, como sujeitos históricos que lutaram pelos seus ideais. Segundo Terena (2005, p. 73),[6] "a educação deixou de ser uma coisa estranha e passou a ser uma reivindicação, uma necessidade de todos nós, de todas as aldeias".

Neste sentido, a Lei n.º 11.645/08 se configura como uma política de ação afirmativa do Estado, visando promover a valorização e a afirmação de direitos dos negros e indígenas, reconhecendo a necessidade de adotar políticas educacionais e de estratégias pedagógicas de valorização da diversidade, a fim de superar as desigualdades étnico-raciais presentes na sociedade brasileira e na educação escolar. A obrigatoriedade de incluir esse tema no currículo produziu repercussões políticas e pedagógicas, inclusive, na formação de professores; explicitou de vez o mito da "democracia racial" (FERNANDES, 1978), ainda presente nos currículos escolares. Wanderlei Cardoso Terena retoma os estudos de Florestan Fernandes para fundamentar a crítica ao currículo oficial:

6 Wanderlei Cardoso Terena é professor e membro do Conselho Estadual de Educação do Mato Grosso do Sul.

> De acordo com Florestan Fernandes (...) a sociedade brasileira largou o negro ao seu próprio destino, deitando sobre seus ombros a responsabilidade de reeducar-se e de transformar-se para corresponder aos novos padrões e ideais de homem, criados pelo advento do trabalho livre, do regime republicano e capitalista (1978, p. 20).

Superar os entraves na comunidade indígena implica construir uma visão de que:

> A escola tem um papel muito maior. Ela representa, na sociedade indígena, muito mais do que concorrer. Muitos dos nossos índios, ou alguns de nossos índios, lá, quando se pergunta para eles: "Para que você quer formação?" – Alguns até professores dizem: "Para concorrer de igual para igual com o branco". Acho muito pouco isso. Acho que a gente tem de perseguir outras perspectivas. Nesse sentido, a escola, além de dar uma formação profissional, que acaba acontecendo isso mesmo, ela tem o papel na defesa do território, de conhecimentos tradicionais, da preservação disso (TERENA, 2005, p. 74).

Para efetivar ações de inclusão de diferentes culturas no currículo, faz-se necessário refletir sobre assuntos nunca antes tratados em âmbito escolar e a interação dos futuros bacharéis, tecnólogos e licenciados com os conteúdos e práticas didático-pedagógicas que contribuam para a construção de uma sociedade justa e humana.

> Não há como negar que a educação é um processo amplo e complexo de construção de saberes culturais e sociais que fazem parte do acontecer humano. Porém, não é contraditório que tantos educadores concordem com essa afirmação e, ao mesmo tempo, neguem o papel da escola no trato com a diversidade étnico-racial? Como podemos pensar a escola brasileira, principalmente a pública, descolada das relações raciais que fazem parte da construção histórica, cultural e social desse país? E como podemos pensar as relações raciais fora do conjunto das relações sociais? (GOMES, 2005, p. 141).

A lei não é um instrumento desconhecido, porém, há uma grande parcela de alunos, professores e comunidade escolar que vivem na inércia e pouco motivados para a plena implementação da Lei n.º 11.645/08. De acordo com Kabengele Munanga, professor aposentado da Universidade de São Paulo:

> Muitos alunos, inclusive de origem afro-brasileira, desconhecem a existência e a abrangência dessa lei. Alguns dentre nós não receberam na sua educação e formação de cidadãos, de professores e educadores, o necessário preparo para lidar com o desafio que a problemática da convivência com a diversidade e as manifestações de discriminação dela resultadas colocam quotidianamente na nossa vida profissional. Essa falta de preparo, que devemos considerar como reflexo do nosso mito de democracia racial, compromete, sem dúvida, o objetivo fundamental da nossa missão no processo de formação dos futuros cidadãos responsáveis de amanhã (MUNANGA, 2005, p. 2015).

Com o auxílio das reflexões de Nilma Lino Gomes (2006), podemos compreender que o currículo não está envolvido em um simples processo de transmissão de conhecimentos e conteúdos. Ao contrário, possui um caráter político e histórico e também constitui uma relação social, no sentido de que a produção de conhecimento se realiza por meio de uma relação entre pessoas historicamente situadas em um contexto social.

Para que a escola dê passos concretos e avance no tocante aos saberes educativos, ao conhecimento da realidade social, à interação com a diversidade étnica e cultural de nosso povo, é fundamental que educadores e educadoras se apropriem da ideia de que o conhecimento é construído no plano da vida, nas relações sociais concretas, fundamentado na ética, incluindo a pluralidade cultural, as relações étnicas, a sexualidade e toda a diversidade que caracteriza os seres humanos.

A partir desse alargamento de compreensão sobre o currículo e a formação de professores, que ao fim e ao cabo, é formação humana, podemos nos construir e viver de uma forma mais prazerosa no trabalho e na vida. Como afirmou Paulo Freire (apud GADDOTTI, 1997), num depoimento antológico: "em história, se faz o que se pode, não o que se gostaria de fazer. E é só fazendo hoje o possível de hoje, que poderemos fazer amanhã o impossível de hoje".

Com vistas a atender às demandas sociais e às apresentadas nos textos legislativos, os cursos superiores deverão repensar os seus Projetos Políticos Pedagógicos e seus referidos documentos institucionais, como o Plano de Desenvolvimento Institucional – PDI e os Projetos Pedagógicos de Curso – PPCs, a fim de possibilitarem o desenvolvimento no aluno egresso das condições de viver e de conviver no mundo, de modo respeitoso e cuidadoso, com a diversidade de etnias existentes em nosso país.

O debate no campo do currículo, assim, amplia nosso posicionamento frente ao outro, ao diferente e diverso. Inclui a possibilidade de viver o respeito em todos os seus aspectos, à história, à constituição dos sujeitos, às suas conquistas e ao seu reconhecimento na sociedade. Para que tais propostas sejam realmente implementadas, necessitamos incluir nos componentes curriculares conteúdos que tragam, de forma clara, e, se possível, de maneira transversal, todos os conteúdos previstos nas diretrizes aqui mencionadas, com destaque aos aspectos das Relações Étnico-Raciais e à compreensão da diversidade cultural.

Conteúdos como os conceitos de etnia, raça, identidade, diversidade, diferença, identificação dos grupos étnicos "minoritários" e sua opressão pelos processos de colonização e pós-colonização precisam ser insertos na formação de professores. Defendemos a ideia de que esses conteúdos sejam desenvolvidos nos cursos superiores, por meio de uma abordagem dialógica de situações escolares da atualidade, de maneira a introduzir a possibilidade de análise crítica e discussão dos princípios, fundamentos da diversidade, direitos humanos e educação, segundo diferentes concepções, paradigmas e normas legais vigentes.

Seria adequado também que as instituições de Ensino Superior promovessem, por meio desses componentes curriculares, o diálogo e a reflexão sobre o racismo e a discriminação, em uma perspectiva didático-pedagógica de educação antirracista (RECCHI, 2017), com a intencionalidade de uma educação de fato inclusiva, principalmente nos cursos de formação de professores.

Desejamos que os futuros professores possam identificar problemas socioculturais e educacionais nas propostas curriculares. Que possam, a partir dos estudos na formação inicial, criar mecanismos próprios para a adoção de uma postura investigativa, integrativa e propositiva em face de realidades complexas com as quais se deparam no cotidiano. Tais atitudes desenvolvidas durante os cursos de formação inicial poderão ser amadurecidas e aprimoradas no exercício da profissão, com vistas a contribuir para a superação de exclusões sociais, étnico-raciais, econômicas, culturais, religiosas, políticas e outras, com o reconhecimento do direito à pluralidade cultural e à valorização das diferenças como base de uma sociedade mais justa.

Um dos grandes desafios na elaboração e/ou revisão dos documentos de Instituições de Ensino Superior é, portanto, a compreensão do campo do currículo como uma arena de disputas em torno de projetos de sociedade, no qual a diversidade e a pluralidade da composição do povo brasileiro estejam inclusas. Nesse sentido, compreendemos a necessidade de se tratar do currículo como realmente uma área do conhecimento, com fundamentação teórica pertinente aos debates contemporâneos existentes em nossa sociedade, assumindo a sua elaboração de modo coletivo. Pois refletir na inserção de tais conteúdos pressupõe refletir que o currículo traça objetivos e aponta para horizontes nos quais se pretende chegar.

Conclusão

A partir das considerações que apresentamos, dos estudos realizados por diferentes pesquisadores, podemos observar que o campo do Currículo vive atualmente uma crise, pois há uma preocupação em se pensar na formação ampliada do sujeito. Algumas questões estão em aberto, como: o que ou para que se ensina?

Ainda hoje convivemos com uma realidade educacional na qual o currículo vem de "cima" para "baixo"; a escola, nesse horizonte, que dê conta de desenvolvê-lo da melhor forma possível. Esse currículo imposto de modo vertical não é discutido no plano coletivo. Nesse contexto, podemos perceber que ele toma diferentes dimensões: o currículo formal, prescrito, e o currículo real, o que é vivido no chão da escola. No currículo formal, são previstas e descritas as disciplinas; no currículo por competências se discute a aplicabilidade do conteúdo. Nossas inquietações a partir dessas dicotomias nos levam a questionar: o que o estudante faz com o que aprende? Ponce (apud LEVINAS, 1988, p. 216) afirma que:

> Se faz necessária uma discussão ampla, democrática e constante sobre os conhecimentos pedagógicos produzidos sobre as utopias de educação, de docência e de escola, com vistas à criação de novas práticas, novos conhecimentos, e novos educadores (Levinas, 1988, p. 216).

Entendemos, portanto, que haja uma transversalidade, uma interdisciplinaridade necessária ao discutir a inserção dos conteúdos de natureza étnico-raciais nos documentos institucionais das universidades. Que haja, se possível, um planejamento coletivo, uma dialogicidade na elaboração de tais documentos, a fim de considerarmos as novas formas de aprender e, principalmente, de pensar a educação de maneira plural, respeitando o direito de ir e vir de todos e, em especial, com respeito à história de vida do sujeito que aprende e do futuro educador, traduzindo, desse modo, a criticidade e a humanização mais condizentes com as demandas sociais atuais.

Ao nos debruçarmos para a produção desse estudo, pudemos notar que, em seu percurso histórico, os debates em torno do campo do currículo tiveram maior aprofundamento a partir do início no século XX, visto que o primeiro documento a explicitar uma ideia de currículo data de 1663, na Escócia. Hoje, com duas décadas do século XXI, esse debate está em pleno curso na sociedade como sendo um fenômeno que necessita e deve ser sempre estudado. Pensar sobre a área do currículo é colocá-la no centro do processo educativo atual, em uma perspectiva integral, de educação do sujeito em todas as dimensões de sua vida em sociedade. O que nos leva a compreender e trabalhar para que a escola e a universidade sejam lugares de pertencimento para todos os cidadãos brasileiros, indistintamente.

Portanto, as instituições de ensino necessitam primar pela honestidade intelectual, explicitando em seus documentos normativos as opções adotadas na organização de seu trabalho, ou seja, na escolha do caminho que pretendem seguir a partir do que acreditam e proclamam.

As relações estabelecidas entre o currículo prescrito – aquele que se encontra nos documentos, o que se quer alcançar e, portanto, está "posto" – e o currículo real, o que é de fato aprendido, vivido, experenciado, evidenciam as fronteiras com o poder, com o conhecimento, com a ética e com a cultura. O currículo vivido a partir dessa perspectiva, a da experiência, da vivência, valoriza o papel dos sujeitos, ou seja, daqueles que, de fato, fazem o documento existir no cotidiano: sujeito-aluno; sujeito-professor; sujeito-gestor, sujeito-administrativo, enfim, todas as pessoas envolvidas com o trabalho em uma instituição escolar.

O currículo não é neutro e nem inocente do ponto de vista político. Está inserto, em uma "arena cultural de disputas em torno de projetos de sociedade" (GABRIEL, 2016). Podemos compreendê-lo como uma forma de luta, de poder formativo das práticas sociais, portanto, da condensação de grandes questões sociais. O currículo escolar, por si só, não dá conta da formação da pessoa, pois essa se dá em todos os espaços/tempos de sua vida em sociedade. Assim, precisamos lembrar que no interior do currículo formal há também um conteúdo oculto, não expresso nos documentos públicos, mas que vai se manifestando nas práticas diárias assumidas pelos seres humanos. Essas práticas estão repletas de contradições e devem ser levadas em conta na formação das pessoas.

Debater sobre as relações étnico-raciais é ir mais além, a fim de ampliar horizontes. É ir além da descrença política, tão presente nos dias atuais. É ir além do desencanto e da impessoalidade das relações vivenciadas na escola, pois temos notado que o que impera ainda é a falta de vínculo nos processos de ensinar e aprender. Uma escola deve estar receptiva ao debate que tem como objetivo representar indivíduos conscientes sobre sua história e apreciadores de sua ancestralidade. Tal ação explicita o compromisso com a efetivação das legislações por meio de práticas educativas éticas enredadas no oferecimento de uma formação cidadã, despidas de limitações preconceituosas e discriminatórias.

Acreditamos que podemos, enquanto educadores, perder algumas perspectivas, porém, jamais a esperança e os encantos da arte de ensinar e aprender, pois os conhecimentos e os saberes são públicos e devem ser colocados para todos.

Referências bibliográficas

ALARCÃO, I. *Professores reflexivos em uma escola reflexiva.* São Paulo: Cortez, 2003.

BRASIL, MINISTÉRIO DA EDUCAÇÃO. *Diretrizes Curriculares Nacionais para a Educação das Relações Étnico-Raciais e para o ensino da História e Cultura Afro-Brasileira e Africana.* Parecer CNE/CP 3/2004, de 10 de março de 2004.

CAVALLEIRO, Eliane. (Orgs.). *Racismo e anti-racismo na educação*: repensando nossa escola. São Paulo: Summus, 2001.

FERNANDES, F. *A Integração do Negro na Sociedade de Classes.* vol. 1 e 2. São Paulo: Ática, 1978.

FREIRE, P. *Paulo Freire: o andarilho do óbvio-depoimento.* Versus, n.º 8, março 1977.

FORQUIN, Jean Claude. *As abordagens sociológicas do currículo: orientações teóricas e perspectivas de pesquisa.* Educação & Realidade, vol 21, n.º 1, p. 187-198, jan. jun. 1996.

GABRIEL, Carmen Teresa. Conhecimento escolar e emancipação: uma leitura pós-fundacional. *Cadernos de Pesquisa Cad.*

Pesqui. vol. 46 n.º 159 São Paulo Jan./Mar. 2016. Disponível em *http://dx.doi.org/10.1590/198053143551. Acesso: em 02 set. 2017.*

GADOTTI, Moacir. *Lições em Freire.* Disponível em <http://www.scielo.br/scielo.php?script=sci_arttext&pid=S0102-25551997000100002>. Acesso em: 25 set. 2017.

GOMES, Nilma Lino. Educação e Relações Raciais: Refletindo sobre Algumas Estratégias de Atuação. In: Munanga, Kabengele (Org.). *Superando o Racismo na Escola*. Brasília: SECAD, 2005.

GOODSON, I. F. *Currículo*: Teoria e História. Petrópolis: Vozes, 1995.

HALL, S. *Identidade cultural na pós-modernidade*. Trad. Tomaz Tadeu da Silva, Guaracira Lopes Louro. 10ª ed. Rio de Janeiro: DP&A, 2005.

MINISTÉRIO DA EDUCAÇÃO. *Parâmetros Curriculares Nacionais: pluralidade cultural/orientação sexual*. Fundamental. Vol. 10. 3. ed. Brasília: 2001.

_______. *Política Nacional de Educação Especial na Perspectiva da Educação Inclusiva*. Brasília: MEC.SEESP, 2008.

_______. *Lei nº 9.394 de 1996 (LDB)*; Resolução CNE/CP n.º 1, de 17 de junho de 2004 (Educação das Relações Étnico-raciais e História e Cultura Afro-brasileira e Indígena).

_______. *Lei 10.638*, de 09 de janeiro de 2003. D.O.U de 10 jan. 2003.

_______. *Lei 11.645*, de 10 de março de 2008. D.O.U de 11 mar. 2008.

_______. *Plano Nacional de implementação das diretrizes curriculares nacionais para a educação das relações étnico-raciais e para o ensino da História e cultura afrobrasileira e africana.* Brasília: Ministério da Educação/SECAD/SEPPIR, 2004.

_______. *Orientações e Ações para a Educação das Relações Étnico-Raciais*. Brasília: SECAD, 2010.

MOREIRA, A. F. B., SILVA, T. T. de. Sociologia e teoria crítica do currículo: uma introdução. In: MOREIRA, A. F. B., SILVA, T.

T. de. (orgs.) *Currículo, cultura e sociedade.* São Paulo: Cortez, 2000.

MUNANGA, Kabengele. *Superando o Racismo na Escola*. Brasília: EC/SECAD, 2005.

ORSO, Paulino Jose; GONÇALVES, Sebastião Rodrigo; MATTOS, Valci Maria. *Educação e Luta de Classes*. 2 ed. São Paulo: Expressão Popular, 2013.

PONCE, B.J. O tempo no mundo contemporâneo: o tempo escolar e a justiça curricular. In: *Revista Educação & Realidade*, Porto Alegre, v. 41, n.º 4, p. 1141-1160, out-dez, 2016.

RECCHI, R. *Projeto Pedagógico de curso de Licenciatura em Física do IFSP*. São Paulo, julho de 2017.

SAVIANI, N. *Saber escolar, currículo e didática*: problemas da unidade conteúdo/método no processo pedagógico. Campinas: Autores Associados, 1994.

SILVA, T.T.; MOREIRA, A.F. (Orgs.). *Territórios contestados*: o currículo e os novos mapas políticos e culturais. Petrópolis: Vozes, 1995.

TERENA. Wanderlei, Dias Cardoso. Avanços e impasses atuais da educação escolar indígena. In: VEIGA, Juracilda. FERREIRA, Beatriz R. (Orgs.). *Desafios atuais da Educação Escolar Indígena.* Campinas, SP. ALB: 2005.

8

A roda de capoeira no espaço escolar e suas perspectivas para as relações étnico-raciais no Brasil

Elisângela Lambstein Franco de Moraes[1]
Francisco Evangelista[2]

Introdução

No intuito de melhorar a conduta das escolas brasileiras em relação ao respeito à diversidade, o Ministério da Educação (MEC), aliado às Secretarias de Educação Básica (SEB), de Educação Continuada, Alfabetização, Diversidade e Inclusão (Secadi), de Educação Profissional e Tecnológica (Setec) e ao Conselho Nacional de Educação (CNE), atribui recomendações norteadas pelas Diretrizes Curriculares Nacionais (DCN), documento oficial do Governo Federal para orientar todos os estabelecimentos de ensino público e privado. De acordo com essas diretrizes, as escolas devem:

1 Mestre em Educação Sociocomunitária pelo Centro Universitário Salesiano de São Paulo (UNISAL); Coordenadora Pedagógica de Serviço Social da Indústria – Centro Educação (Santa Bárbara d'Oeste/SP).
2 Doutor em Educação pela Pontifícia Universidade Católica de São Paulo (PUC/SP); Professor do Programa de Mestrado em Educação do Centro Universitário Salesiano de São Paulo (UNISAL); Membro dos Grupos de Pesquisa em Educação Social e Ação Comunitária (GEPESAC) e em História da Práxis Educativa Social e Comunitária (HIPE), UNISAL; Professor do Curso de Pedagogia na mesma Instituição.

> Incluir no desenvolvimento curricular ambientes físicos, didático-pedagógicos e equipamentos que não se reduzem às salas de aula, incluindo outros espaços da escola e de outras instituições escolares, bem como os socioculturais e esportivo-recreativos do entorno, da cidade e mesmo da região (BRASIL, 2013a, p. 27).

As DCN foram oficializadas pelo MEC e elaboradas com o apoio das citadas secretarias. O documento é denso e contém informações que modificam o panorama escolar quanto ao respeito à diversidade. De acordo com o documento:

> A escola precisa acolher diferentes saberes, diferentes manifestações culturais e diferentes óticas, empenhar-se para se constituir, ao mesmo tempo, em um espaço de heterogeneidade e pluralidade, situada na diversidade em movimento, no processo tornado possível por meio de relações intersubjetivas, fundamentada no princípio emancipador (BRASIL, 2013a, p. 27).

Nas DCN, aprovadas em 2004, encontramos um capítulo específico para apresentá-las à Educação das Relações Étnico-Raciais e ao Ensino de História e Cultura Afro-Brasileira e Africana. Em seu texto, discorre sobre os muitos desafios para o setor educacional:

> O sucesso das políticas públicas de Estado, institucionais e pedagógicas, visando a reparações, reconhecimento e valorização da identidade, da cultura e da história dos negros brasileiros depende necessariamente de condições físicas, materiais, intelectuais e afetivas favoráveis para o ensino e para aprendizagens; em outras palavras, todos os alunos negros e não negros, bem como seus professores, precisam sentir-se valorizados e apoiados. Depende também, de maneira decisiva, da reeducação das relações [...] (BRASIL, 2013a, p. 500).

De acordo com o documento citado, designa-se por Relações Étnico-Raciais a reelaboração das relações entre negros e brancos, relação essa que tem sofrido influência direta da sociedade e não apenas da escola. A reeducação, portanto, deve passar por uma política de respeito à diversidade. Segundo a referida Diretriz, há uma necessidade urgente de mudanças éticas e culturais, conforme se espera dos novos parâmetros educativos, tanto dentro quanto fora dos meios escolares.

No presente capítulo, quando usamos o termo étnico-racial, nos referimos às relações desiguais historicamente construídas e existentes entre brancos e negros na sociedade brasileira, conforme apresentado no documento:

> É importante, também, explicar que o emprego do termo étnico, na expressão étnico-racial, serve para marcar essas relações tensas devidas a diferenças na cor da pele e traços fisionômicos e também devido à raiz cultural plantada na ancestralidade africana, que difere em visão de mundo, valores e princípios das de origem indígena, europeia e asiática (BRASIL, 2013a, p. 500).

Dessa forma, a capoeira presente na escola, por meio do Programa Mais Educação, pode ser considerada uma oportunidade de apresentar e valorizar a cultura afro-brasileira aos estudantes, e não apenas a eles, mas a todos os envolvidos no processo educativo. Assim:

> É importante tomar conhecimento da complexidade que envolve o processo de construção da identidade negra em nosso país. Processo esse marcado por uma sociedade que, para discriminar os negros utiliza-se tanto da desvalorização da cultura de matriz africana como dos aspectos físicos herdados pelos descendentes de africanos (BRASIL, 2013a, p. 501).

Tendo em vista que a escola possui as condições necessárias para o desenvolvimento da consciência e da valorização da cultura afro-brasileira, vê-se na capoeira um potencial real de transmissão desse legado. Nota-se, ainda, o amplo grau de abrangência da capoeira, que hoje está presente nos diversos setores sociais, podendo ser observada em ambientes distintos, sendo aceita, divulgada e reconhecida. Dessa forma:

> A complexa e abrangente rede que hoje compreende a capoeira se consolidou e se afirmou, inclusive no contexto internacional, pela diversidade de mecanismos, estratégias, vertentes, lideranças, métodos, sistemas hierárquicos e códigos de conduta. A rigor, cada mestre, cada escola, cada grupo edifica pedagogicamente suas formas próprias de afirmação e distinção, que terminam se transformando numa espécie de 'selo de qualidade', ou seja, em um passaporte para o conhecimento da própria comunidade (FALCÃO, 2015, p. 207).

A capoeira está vinculada ao Programa Mais Educação, financiado por verba pública e constituído como uma estratégia do MEC para induzir a ampliação da jornada escolar e a organização curricular, na perspectiva da Educação Integral (BRASIL, MEC, 2015). Esse Programa visa contribuir para o desenvolvimento da diversidade cultural brasileira e a diminuição das desigualdades educacionais (BRASIL, SECADI, 2013b).

Entre os diversos macrocampos que constituem o Programa Mais Educação, a capoeira é identificada no macrocampo Cultura, Artes e Educação Patrimonial, estabelecendo sua prática como:

> [...] motivação para o desenvolvimento cultural, social, intelectual, afetivo e emocional de crianças e adolescentes, enfatizando os seus aspectos culturais, físicos, éticos, estéticos e sociais, a origem e evolução da capoeira, seu histórico, fundamentos, rituais, músicas, cânticos, instrumentos, jogos de roda e seus mestres (BRASIL, 2013b, p. 30).

1 A presença da capoeira na escola

A capoeira pode contribuir para a valorização e o respeito à cultura nos meios escolares, sendo uma oportunidade de ampliar conhecimentos e ajudar a salvaguardar esse patrimônio imaterial da cultura afro-brasileira.

A presença da capoeira na escola abre caminho para reflexões acerca de diversos contextos sociais e escolares, os quais favorecem a realização de questionamentos e entendimentos dentro de uma conjuntura histórica. Observa-se nas DCN, no item que trata das "ações de combate ao racismo e discriminações", que seus princípios se encaminham para: valorização da oralidade, da corporeidade e da arte, por exemplo, a dança, marcas da cultura de raiz africana, ao lado da escrita e da leitura; educação patrimonial, aprendizado a partir do patrimônio cultural afro-brasileiro, com o objetivo de preservá-lo e difundi-lo (BRASIL, 2013a, p. 505).

Na concepção de Luna, Marques e Vieira (2015), tanto individual quanto coletivamente, a capoeira contribui para a construção da identidade, bem como auxilia na valorização da diversidade, dentro e fora da escola. A capoeira norteia as ações e atitudes dos professores e mestres envolvidos na organização escolar. Assim:

> A inserção da capoeira no ambiente escolar pode, em muito, contribuir para a formação dos estudantes na perspectiva da educação integral, agregando elementos cognitivos, motores, afetivos e sociais na mesma ação educativa de forma integrada (LUNA; MARQUES; VIEIRA, 2015, p. 116).

A capoeira, nesse horizonte, deveria ser mais valorizada e aplicada por agentes da Educação Física. Contudo, essa é uma grande discussão nos meios acadêmicos e entre os praticantes de capoeira, extrapolando a abrangência desse material. A discussão aqui em pauta é, efctivamente, o reconhecimento da presença da roda dc capoeira transmitindo seus valores, movimentos e música, ao mesmo tempo que promove o lazer, o respeito, a alegria e o cuidado com o outro e consigo mesmo. Tais contribuições podem ser elencadas como os principais fundamentos da capoeira para o ambiente escolar.

As ações da capoeira no contexto da escola têm, ainda, o potencial de fomentar identidades positivas e dissolver preconceitos, uma vez que prega a importância do respeito a todos os seres humanos e apresenta uma cultura que deve ser valorizada. Dessa forma:

> Aos estabelecimentos de ensino está sendo atribuída responsabilidade de acabar com o modo falso e reduzido de

> tratar a atribuição dos africanos escravizados e de seus descendentes para a construção da nação brasileira; de fiscalizar para que, no interior, os alunos negros deixem de sofrer os primeiros e continuados atos de racismo de que são vítimas. Sem dúvida, assumir estas responsabilidades implica compromisso com o entorno sociocultural da escola, da comunidade onde esta se encontra e a que serve, compromisso com a formação de cidadãos atuantes e democráticos, capazes de compreender as relações sociais e étnico-raciais de que participam [...] (BRASIL, 2013a, p. 503).

A necessidade de discutir relações étnicas e de discriminação racial nas escolas surge com a forte presença do Movimento Negro nas esferas sociais do Brasil, promovendo a conscientização e o respeito à questão racial.

2 O Movimento Negro

O Movimento Negro é composto por grupos sociais formados por pessoas que lutam contra o preconceito, racismo, discriminação e pela inclusão do negro e valorização da história e cultura. Até a abolição da escravatura, em 1888, esses movimentos eram quase sempre clandestinos e tinham por objetivo a libertação dos negros cativos. Mesmo após a abolição, a situação deles no Brasil não mudou muito, pois a marginalização dos afro-brasileiros continuou ocorrendo.

O Movimento Negro teve como marco histórico, em 1931, a organização de grupos como a criação da Frente Negra Brasileira (FNB).

> Na década de 1930, o Movimento Negro deu um salto qualitativo, com a fundação, em 1931, em São Paulo, da Frente Negra Brasileira (FNB), considerada a sucessora do Centro Cívico Palmares, de 1926. Estas foram as primeiras organizações negras com reivindicações políticas mais deliberadas. Na primeira metade do século XX, a FNB foi a mais importante entidade negra do país [...] Em 1936, a FNB transformou-se em partido político e pretendia participar das próximas eleições (DOMINGUES, 2007, p. 105).

No período da ditadura militar, tanto os movimentos quanto a imprensa negra permaneceram silenciados nesse período. Na década de 70, aconteceu a retomada do Movimento Negro.

De acordo com Alberti e Pereira (2010), a formação de entidades que buscavam denunciar o racismo e organizar a comunidade negra toma corpo e intensifica suas ações. São exemplos desses agrupamentos:

> O Grupo Palmares, criado em Porto Alegre em 1971; o Centro de Estudos e Arte Negra (Cecan), aberto em São Paulo, em 1972; a Sociedade de Intercâmbio Brasil-África (Sinba), inaugurada no Rio de Janeiro, em 1974 e o Bloco Afro Ilê Aiyê, fundado em Salvador, também em 1974 (ALBERTI e PEREIRA, 2010, p. 2).

Em 1978, alguns militantes se articularam em um ato público devido ao assassinato, no Distrito Policial de Guaianazes, do jovem negro Robson Silveira da Luz, preso sob a acusação de roubar frutas em uma feira, e à discriminação a quatro meninos negros, impedidos de treinar vôlei no time infantil do Clube de Regatas Tietê. Esse ato ficou conhecido como os primórdios daquilo que se tornaria mais adiante o Movimento Negro Unificado (MNU).

Alberti e Pereira (2010) afirmam que, de acordo com o Sistema Nacional de Informações (SNI), essa manifestação contou com a presença de Abdias do Nascimento, militante que denunciava o chamado "Mito da Democracia Racial", isto é, a ideia de que não haveria racismo no Brasil. Como Abdias do Nascimento denunciava um suposto racismo "inexistente", ele mesmo foi tachado de racista e, de acordo com o relatório do SNI, era tido como "conhecido racista negro". Ele foi professor em diversas Universidades; se exilou em 1968 nos Estados Unidos; foi o fundador do Teatro Experimental do Negro (TEN), no Rio de Janeiro, em 1944, e, também, responsável pela expressiva produção teatral, buscando dinamizar a consciência da negritude brasileira.

> É possível, no Brasil, que algumas pessoas de tez clara e traços físicos europeus, em virtude de o seu pai ou a mãe ser negro(a), se designem negros; que outros, com traços físicos africanos, se digam brancos. É preciso lembrar que o termo negro começou a ser usado pelos senhores para designar pejorativamente os escravizados e este sentido negativo da palavra se estende até hoje. Contudo, o Movimento Negro ressignificou esse termo dando-lhe um sentido político e positivo [...] (BRASIL, 2013a, p. 501).

A constituição do MNU, como foro privilegiado de debates sobre a discriminação racial, se refletiu na atitude do Estado em relação ao tema, culminando, em 1984, no governo de Franco Montoro, na criação do primeiro órgão público voltado para o apoio aos movimentos sociais afro-brasileiros: o Conselho Estadual de Participação e Desenvolvimento da Comunidade Negra (CPDCN, 2016). Foi ainda desse governo a iniciativa de indicar um representante dos negros para a chamada "Comissão Arinos", que criminalizou a discriminação racial na Constituição Federal Brasileira de 1988. A tipificação do racismo como crime foi estabelecida pela Lei Caó, de autoria do deputado Carlos Alberto de Oliveira, promulgada em 1989.

Foi de grande importância para o país a divulgação e relevância do desenvolvimento de estudos e do respeito à cultura, à diversidade e ao reconhecimento das diferenças, como instituído nas DCN:

> Outro equívoco a enfrentar é a afirmação de que os negros se discriminam entre si e que são racistas também. Esta constatação tem de ser analisada no quadro da ideologia do branqueamento que divulga a ideia e o sentimento de que as pessoas brancas seriam mais humanas, teriam inteligência superior e por isso teriam o direito de comandar e de dizer o que é bom para todos. [...] O racismo imprime marcas negativas na subjetividade dos negros e também na dos que os discriminam (BRASIL, 2013a, p. 502).

Mediante essas afirmações, percebe-se o valor do trabalho com a valorização cultural e a necessidade de sensibilizar as pessoas que atuam na escola para que apresentem formas de evitar o racismo e os preconceitos nos meios escolares, uma vez que a questão racial é, por excelência, um tema que deve ser abordado pela instituição.

> A escola, enquanto instituição social responsável por assegurar o direito da educação a todo e qualquer cidadão, deverá se posicionar politicamente, como já vimos, contra toda e qualquer forma de discriminação. A luta pela superação do racismo e da discriminação racial é, pois, tarefa de todo e qualquer educador, independente do seu pertencimento étnico-racial, crença religiosa ou posição política (BRASIL, 2013a, p. 502).

Conclusão

Acreditamos que o trabalho com a capoeira no espaço escolar é de vital importância para as práticas pedagógicas desenvolvidas em torno das relações étnico-raciais propostas na educação. Acreditamos que sua realização constitui forte subsídio para a valorização da cultura afro-brasileira na comunidade escolar em questão, uma vez que os alunos são incentivados a conhecerem os valores que permeiam a roda de capoeira e seus significados, além de exercitarem o respeito ao outro e a valorização da diferença. Entre os elementos que são utilizados para isso estão: a comunicação corporal; o olhar nos olhos do outro; o cuidado consigo mesmo e o cuidado com o parceiro. Entendemos que, quando os conflitos ocorrerem no ambiente escolar, abrem-se espaços para debates sobre o respeito às pessoas e sobre o bom relacionamento interpessoal. Eles passarão a ser vistos como uma oportunidade de mostrar aos envolvidos a importância da diversidade e o respeito a cada um.

Ainda hoje, permanecem no inconsciente coletivo ideias do senso de que a ginga, a brincadeira, a dança e a cordialidade fossem características inerentes aos negros, enquanto a ciência e o conhecimento ficassem condicionados aos brancos, massificando, dessa forma, o ser e a personalidade de cada indivíduo, desrespeitando os predicados próprios. Algo a ser refletido e não aceito, tanto socialmente quanto no meio acadêmico.

A escola tem o potencial para fomentar características da cidadania e atuar com políticas afirmativas para que os negros não sejam desvalorizados, ou seja, para impedir que estes se tornem invisíveis, menosprezados e que continuem a passar por situações humilhantes.

Vale ainda lembrar o que Darcy Ribeiro (2006, p. 202) nos alertou quando afirmou que "a luta mais árdua do negro africano e de seus descendentes foi, ainda é, a conquista de um lugar e de um papel de participante legítimo na sociedade nacional". Neste contexto, apresenta-se a importância da valorização cultural e o respeito à diversidade étnico-racial brasileira. Tal observação ainda se apresenta como grande desafio para as relações étnico-raciais no Brasil.

Sendo assim, consideramos que a capoeira promove a possibilidade de conhecer e explorar a cultura afro-brasileira, além de promover o desenvolvimento de relações interpessoais e culturais, da corporeidade, da musicalidade, entre tantas outras características importantes para o desenvolvimento humano e social. A capoeira, símbolo de luta e resistência do negro oprimido no Brasil, surgiu como resistência diante da opressão e da violência historicamente sofrida no período da escravidão, sendo atividade pedagógica importante para crianças, jovens e adultos no espaço escolar e acadêmico.

O fator histórico de séculos de negação, de discriminação e de opressão da população negra e afro-brasileira contribuiu para que as escolas, por meio de leis e normatizações, reproduzissem e direcionassem suas atividades segundo visões eurocêntricas, com a valorização do branco e da sua cultura. Todo o currículo e a postura das escolas foram excludentes por séculos e, ainda hoje, podem ser encontrados traços dessa exclusão. A presença da capoeira nos espaços de formação é passo importante para a superação do racismo, do preconceito e da discriminação ainda presentes na sociedade brasileira e atividade importante na construção de uma sociedade mais justa e solidária.

Referências bibliográficas

ALBERTI, Verena; PEREIRA, Amilcar Araujo. *O movimento Negro no Brasil*: Influenciada pela luta anti-racismo na África e nos Estados Unidos, a militância brasileira cresceu nos anos 1970 e hoje colhe grandes conquistas. Post Instituto da Mulher Negra Geledés, 2010. Disponível em: <https://www.geledes.org.br/o-movimento-negro-no-brasil/>. Acesso em: 10 out. 2017.

BECCARI, Cristina Baida. *Discriminação social, racial e de gênero no Brasil*. Artigo, 12 abr. 2005. Disponível em: <http://www.direitonet.com.br/artigos/exibir/ 1991/discriminacao-social-e-de-genero-no-Brasil>. Acesso em: 02 jan. 2015.

BRASIL. *Diretrizes Curriculares Nacionais Gerais da Educação Básica* – DCN Ministério da Educação. Secretaria de Educação Básica. Secretaria de Educação Continuada, Alfabetização, Diversidade e Inclusão. Secretaria de Educação Profissional e Tecnológica. Conselho Nacional da Educação. Câmara Nacional de Educação Básica. Diretoria de Currículos e Educação Integral. Diretrizes Curriculares Nacionais Gerais da Educação Básica. Brasília: MEC, SEB, DICEI, 2013a.

______. *Manual Operacional de Educação Integral*. Secretaria de Educação Básica. Esplanada dos Ministérios. Brasília-DF, 2013b. Disponível em: <http://www.seduc.mt.gov.br/educadores/Documents/Pol%C3%ADticas%20Educacionais/Superintend%C3%AAncia%20de%20Educa%C3%A7%C3%A3o%20B%C3%A1sica/Coordenadoria%20de%20Projetos%20Educativos/Mais%20Educa%C3%A7%C3%A3o/manual_mais_educacao_2013.pdf>. Acesso em: 09 out. 2017.

DOMINGUES, Petrônio. *Movimento Negro Brasileiro*: alguns apontamentos históricos. Artigo Universidade de São Paulo, 2007. Disponível em: <http://www.scielo.br/pdf/tem/v12n23/v12n23a07> Acesso em: 10 out. 2017.

FALCÃO, José Luiz Cirqueira. Quando você foi tentar, eu já ensinava fazer!: problemáticas e desafios pedagógicos para o trato com o conhecimento da capoeira. In: MELLO, André da Silva; SCHNEIDER, Osmar (Org.). *Capoeira*: abordagens socioculturais e pedagógicas. Curitiba: Appris, 2015.

FANON, Frantz. *Pele negra, máscaras brancas*. Tradução de Renato da Silveira. Salvador: EDUFBA, 2008.

FERNANDES, Florestan. *O negro no mundo dos brancos*. 2ª. ed. São Paulo: Global, 2007.

______. *A integração do negro na sociedade de classe*: no limiar de uma nova era. São Paulo: Global, 2008. V. 2.

FREIRE, Paulo. *Pedagogia da Indignação*: cartas pedagógicas e outros escritos. São Paulo: UNESP, 2000. Disponível em: <http://plataforma.redesan.ufrgs.br/biblioteca/pdf_bib.php?COD_ARQUIVO=17339>. Acesso em: 10 out. 2017.

GOMES, Nilma Lino. *Diversidade cultural e currículo a questão racial na prática educativa dos/as professores/as*. São Paulo educando pela diferença para a igualdade. Apostilas do MEC, 2012. (Curso formativo na Diretoria de Ensino de Americana-SP).

IANNI, Octavio (Org.) *Florestan Fernandes:* sociologia crítica e militante. 2ª. ed. São Paulo: Expressão Popular, 2004.

LUNA, Guilherme Pamplona Beltrão; MARQUES, Luíz Maurício Montenegro; VIEIRA, Luiz Renato. A capoeira na Secretaria de Educação do DF: Avanços e retrocessos no diálogo da escola com os saberes populares. In: MELLO, André da Silva; SCHNEIDER, Osmar (Org.). *Capoeira*: abordagens socioculturais e pedagógicas. Curitiba: Editora Appris, 2015.

MUNANGA, Kabengele; GOMES, Nilma Lino. *O negro no Brasil de hoje*. 2ª.ed. São Paulo: Global, 2016.

SOUSA, Francisca Maria do Nascimento. *Linguagens escolares e reprodução do preconceito*. Brasília: Ministério da Educação, Secretaria de Educação Continuada, Alfabetização e Diversidade, 2005. Coleção Educação para Todos. Disponível em: <http://portal.mec.gov.br/index.php?option=com_docman&-

view= download&alias=658-vol2antiracpdf&category_slug=-documentospdf&Itemid=30192>. Acesso em: 30 jan. 2015.

RIBEIRO, Darcy. *O povo brasileiro*: a formação e o sentido do Brasil. São Paulo: Companhia das Letras, 2006.

A contribuição cultural dos índios brasileiros e suas influências sociais

Marília Bestani[1]

Introdução

A finalidade deste capítulo é analisar a constituição de identidades indígenas ao longo da história do Brasil, assim como identificar algumas circunstâncias que corroboram para a destituição destas identidades, abordando não somente a miscigenação e a destruição de seus territórios, mas também a formação de uma nova classe social.

Nesse sentido, esta breve reflexão tentará explicitar, à luz de alguns elementos do modo de vida indígena, as atuais perspectivas dessas sociedades, suas possibilidades futuras de trabalho e interação nos grandes centros, além da constante dificuldade para o reconhecimento de seus valores e crenças.

1 Breve contexto histórico dos Índios Brasileiros

Em diferentes raças e tribos, falantes de mais de 180 línguas, os **índios brasileiros** estavam presentes no Brasil muito antes de sua descoberta. Plenos de crenças e mitos e cercados de perseguições,

1 Mestre em Educação; Coordenadora de Extensão do Centro Universitário Salesiano de São Paulo, UNISAL, Unidade Campinas/São José; membro do Núcleo de Educação Étnico-Racial, UNISAL.

sobreviveram como puderam; agora, compõem uma população diferente daquela dos tempos do descobrimento.

Com a conquista dos europeus sobre o território, o primeiro contato entre índios brasileiros e colonizadores foi marcado, inicialmente, por curiosidade e depois por medo. A colonização deixou traços incorrigíveis na vida desses povos; nesta época, já era destacado e salientado, por meio de guerras e combates sangrentos, o desejo de os indígenas quererem suas terras.

O nome "índio" surgiu da primeira impressão que Cristóvão Colombo teve sobre os habitantes das Américas, ao acreditar ter chegado às Índias. Mesmo sabendo que não estava na Ásia, mas num continente desconhecido, ele continuou chamando os povos nativos de índios por ser mais fácil compreender sua existência e porque seu objetivo principal era dominar a cultura, a economia, a religião e a política locais. Entretanto, o que ocorreu, de fato, foi um processo de aculturação, no qual europeus e índios deixaram suas marcas indeléveis decorrentes de suas vivências conjuntas na chamada *Terra Brasilis.*

Uma consideração interessante é que o nome índio, antes da década de 1970, era visto pelo homem urbano como ofensa, por estar relacionado aos povos indígenas, ou seja, aquele que não possuía sua visão de mundo e hábitos culturais. Para alguns brasileiros, o termo era visto de forma pejorativa, pois resultava do processo exploratório da colonização, pelo fato de os índios representarem, ainda que erroneamente, indivíduos selvagens, que não gostavam de trabalhar, incapazes, sem cultura, nada civilizados etc. Já, para outros, o nome foi e é apenas um símbolo de homem pacífico e puro, que conquista pelo romantismo de suas lendas, seu modo de viver e sua preocupação com a floresta.

Desta forma, podemos dizer que ambas as considerações extrapolam o bom senso quando o assunto se refere aos "verdadeiros donos da terra".

Se avaliarmos, por exemplo, que até hoje existe uma grande desigualdade das terras indígenas demarcadas (a maioria se encontra nas regiões Norte e Centro-Oeste), ficaremos surpresos com as circunstâncias envolvidas. Ocorre que todo e qualquer índio que habite o território nacional deverá disputar suas terras com áreas fronteiriças; com o agronegócio e a transformação de matas em pastagens; com o desenvolvimento do mercado imobiliário; com o desmatamento, tantas vezes autorizado por lei; e com outras dificuldades que imperam no momento de mostrar-se como legítimo dono do território (ZENUN, 2010). E, naturalmente, tudo isso se dá de maneira conflituosa, sempre incorrendo na perda de poder pelo próprio índio e gerando, com consequência tantas vezes imediata, o abandono de suas origens e a tentativa de viver com um outro processo de aculturação. O resultado, via de regra, é a mendicância, o descaso e a marginalidade. Infelizmente, a Funai, criada em 05.12.1967, com o objetivo de preservar as condições primárias e o bem-estar indígena, não se mostrou suficiente para conter a degradação dessa população, espalhada ao longo do extenso território nacional (8.516.000 km^2).

Todavia, apesar das dificuldades e das inúmeras desvalorizações sofridas, a contribuição cultural indígena extrapolou preconceitos e venceu o tempo. Por conta disso, conhecemos seu legado e estamos edificando, ainda que com muita complexidade, uma nova história na qual a valorização e o reconhecimento sejam a tônica da construção social no processo de vida compartilhada.

2 Aspectos da Civilização Indígena em relação ao desenvolvimento tecnológico

É comum ouvirmos que índios não são civilizados, referindo-se ao fato de que eles, até pouco tempo, não tiveram contato com a energia elétrica, redes de esgoto, veículos motores, imprensa etc.

Hoje, esta realidade é diferente, pois sabemos que, mesmo aquelas populações que optaram por continuar num processo de vida mais primitivo, não desconhecem os avanços técnicos e científicos que mudaram as práticas do homem urbano. Esse processo se deu, naturalmente, pela aculturação livre, na qual diferentes populações e etnias conheceram e levaram para seu próprio meio formas diferenciadas de aplicação de conceitos, valores, métodos e processos.

Desta feita, ao falarmos do desenvolvimento do homem urbano, podemos notar tendências em compreender, de forma etnocêntrica, que nossos princípios, valores e desenvolvimento, de uma maneira geral, sejam melhores que a vida selvagem e que, portanto, além de tecnológicos, somos civilizados, relegando aos índios a pura selvageria, em todos os sentidos.

Uma análise clara nessa direção pode começar com uma simples pergunta que, como sabemos, é de fundamental importância nos dias de hoje: quem destrói a natureza é o homem urbano ou o índio? Obviamente, a resposta incide, de maneira direta, naquele que transforma a própria natureza em capital e, depois, se apropria, inadequadamente, do que nem sempre lhe pertence e oferece, via de regra, num processo divisório desigual de bens, um pouco a quem possui quase nada e muito a quem já possui tudo.

Por essa ótica, o meio ambiente é constantemente assoreado, em nome do "progresso", porém, pouco se faz em prol da verdadeira vida natural, apesar dos discursos inflamados dos intelectuais e cientistas.

Além disso, outra consideração deve ser levada em conta: na convivência entre etnias diferentes impera o respeito à vida. Porém, de onde vem este valor, do homem urbano ou dos índios? A resposta, novamente, será óbvia, ou seja, em grandes e cruciais questões que permeiam diretamente a vida do ser humano, os índios nos dão grandes lições, não só de preservação da vida como um todo, mas, principalmente, em relação ao respeito que se tem para com todo aquele que habita o planeta. E o respeito vai mais longe, pois são raríssimos os casos de homicídio em aldeias estruturadas (não abordamos aqui as questões ligadas aos índios que vivem em perímetros urbanos); não existem situações de violência contra vulneráveis (mulheres, idosos, doentes, crianças – contrariamente, o auxílio imediato dos que mais precisam faz parte dos processos éticos dos grupos); não há registros de arrombamentos, assaltos e furtos (a compreensão de que tudo pertence a todos é um princípio natural). O meio ambiente é respeitado integralmente (a caça e a pesca ocorrem somente por conta da necessidade de sobrevivência, não havendo registro de maus-tratos em animais).

Nesse sentido, ao falarmos de civilização e tecnologia, vamos derivar a seguinte premissa, ou seja, aquele que é mais desenvolvido tecnologicamente não é necessariamente o mais civilizado. Isto é posto pelo fato de que o conceito de civilidade passa pelo respeito aos princípios éticos e valores de um grupo e isso está em franca decadência em nossa sociedade. Vivemos em uma era de *selfies,* com valores distorcidos, superestimando o dinheiro, a estética e os relacionamentos construídos a partir de padrões capitalistas que não enxergam a necessidade dos que mais precisam. Nossa sociedade clama por poder e os indivíduos urbanizados entendem que o desenvolvimento tecnológico poderá suprir todas as carências sociais. Este ledo engano é fartamente demonstrado em setores públicos da vida, como saúde, segurança pública, transporte, habitação e, até mesmo, na educação. Porém, diferentemente, com tribos e aldeias indígenas que se mantiveram em seus territórios, todo aparato social é uma condição amplamente compartilhada, trilhada em conjunto, pois as crenças que envolvem o que é público não precisam ser impostas, elas ocorrem de forma natural.

É fato que a tecnologia não é a mesma para habitantes de segmentos sociais diferentes (homem urbano e índio), porém, o questionamento que se faz neste contexto é o de que tal desenvolvimento não foi suficiente para amenizar as mazelas sociais pelas quais passamos. Assim, civilização e desenvolvimento tecnológico poderiam caminhar de mãos dadas, no entanto, para tal, são necessários valores e princípios respeitados na direção da coletividade.

3 Um olhar sobre as questões de Moradia, Convívio, Hierarquia e Educação

Os verbos habitar ou morar, na visão dos índios, são conjugados no plural, ou seja, a sensação de pertencimento é algo que impera para todos os grupos. A familiaridade é determinada para a identificação de parentescos; porém, a percepção de direitos e deveres envolve a tribo inteira, no sentido de que algo deva ser posto em prática para todos.

Assim, as ocas (casas indígenas feitas de barro, palha, taquara, troncos e folhas de palmeiras) são estruturas que comportam diversas famílias, de modo que não existe a propriedade no sentido individual. Contrariamente, o sentido de propriedade é algo compartilhado, de maneira que cabe a todos o resultado da caça, da pesca, da coleta, da educação das crianças, do cuidado com os anciãos etc.

Entre os indígenas não há classe social como a do homem urbano. Todos têm os mesmos direitos e recebem o mesmo tratamento. A terra, por exemplo, pertence a todos e, quando um índio caça, costuma dividir com os habitantes de sua tribo. Apenas os instrumentos de trabalho (machados, arcos, flechas, arpões) são de propriedade individual, porém, compartilhados se houver necessidade. O trabalho na tribo é realizado por todos, contudo, possui uma divisão por sexo e idade. Assim, as mulheres são responsáveis pela preparação da comida, cuidado com as crianças, colheita e plantio. Já os homens da tribo ficam encarregados do trabalho mais pesado, como a caça, a pesca e a derrubada das árvores (apenas aquelas necessárias para a construção de moradias e afins).

Duas personalidades importantes na organização das tribos são o pajé e o cacique. Ambos detêm a liderança dos processos de convívio entre os indígenas, mas com algumas especificidades. O pajé é o sacerdote da tribo, pois conhece todos os rituais e recebe as mensagens dos deuses; é também o curandeiro, visto que tem conhecimento dos chás e das ervas para curar as doenças. Ele que faz o ritual da pajelança, no qual evoca os deuses da floresta e dos ancestrais para ajudar na cura. O cacique, igualmente importante na vida tribal, faz o papel de diplomata na tribo, pois organiza e orienta os índios sobre uma série de procedimentos próprios, ou seja, decide sobre penas em casos de alguma disputa, organiza casamentos, define colheitas e plantios, define o comércio dos produtos fabricados na tribo e é o responsável pelos contatos exteriores, tanto com tribos rivais, quanto com aspectos da urbanidade brasileira. Um aspecto importante é que ambos – cacique e pajé – não disputam o poder. Contrariamente, entendem e dão o exemplo de que as áreas de atuação, apesar de serem diferentes, são complementares, com um único objetivo: o bem-estar da coletividade tribal.

Com relação aos processos educacionais, podemos dizer que estes sejam bastante interessantes: os pequenos índios, conhecidos como curumins, aprendem desde pequenos e de forma prática, o conhecimento das coisas (SCARAMUZZI, 2008). Costumam observar o que os adultos fazem e vão treinando desde cedo. Quando os adultos saem para caçar, por exemplo, costumam levar junto os meninos da tribo para que possam aprender. O mesmo se dá com as mulheres, no que se refere à produção de alimentos: da roça à culinária, por exemplo, as meninas vivenciam a experiência de forma absolutamente prática, fazendo com que os processos educacionais indígenas estejam vinculados à realidade da vida da tribo. Quando atingem certa idade (meados da adolescência), os jovens passam por um teste e uma cerimônia para ingressar, de maneira oficial, na vida adulta da tribo e, com isso, suas responsabilidades tornam-se efetivas.

Como se pode observar, no processo educacional indígena, a prática é a base do aprendizado. O letramento inexiste nesse contexto, porém, algumas tribos exercem uma comunicação bastante própria por meio da produção de cerâmicas ricas em símbolos, cujos significados apontam para o cotidiano dessas tribos. Como grandes representantes, temos os Tupinambás, Marajoaras e Tapajós. Contudo, há que se destacar uma característica muito forte do sistema educacional indígena, que são as transmissões orais. Os índios são grandes narradores e toda sua tradição, valores, ancestralidade (tão valorizada), histórias e experiências são passadas de geração em geração por meio de narrativas orais, ou seja, o sistema oral e a prática dos afazeres cotidianos que determinam os processos educativos. Não há apelos midiáticos, de espécie nenhuma, entretanto, a grande mestra-natureza está presente o tempo inteiro.

Assim, o letramento é substituído pela prática do que é realmente essencial para a vida da tribo; a formação de opinião, os valores e a aquisição de princípios são feitos por meio das narrativas orais. Por conta disso, os idosos são extremamente respeitados, pois cabe a eles a maior parte da transmissão educacional, feita através das histórias. Assim também as lendas, os mitos e as divindades ocupam lugar de destaque pelos exemplos que carregam no ato da transmissão narrada. Afinal, a "grande oca" que todos habitam é a floresta e seu mundo está centrado nas matas, origem de todo sustento e fonte de sonhos e esperanças.

4 Formas alternativas de vivência em relação à alimentação, medicina e espiritualidade

Os índios não fazem distinção entre sua comida e seu remédio. Contrariamente, para estes brasileiros, o que comem está diretamente ligado à manutenção de sua saúde e do equilíbrio físico e mental. E, como sabemos, os produtos cultivados e difundidos pelos índios ganham cada vez mais força na culinária brasileira como um todo. A mandioca e sua farinha são exemplos claros disso: a tapioca, prato que ganhou inúmeras versões no processo de aculturação, hoje consumida até fora do país, é um dos ícones mais preciosos da culinária brasileira; as castanhas e sementes, exploradas, atualmente, pela indústria cosmética, são consideradas fontes riquíssimas de nutrientes.

Diferentemente dos habitantes da urbanidade, os índios não são tomados por estresse, depressão ou angústia. Lidam com os sintomas das percepções, sensações e sentimentos de uma maneira mais saudável e natural (VILLAS BOAS, 1984). Além disso, por não terem vida sedentária, não possuem situação de sobrepeso, ou seja, desconhecem os males ligados ao complexo da obesidade, tais como problemas nas articulações, variação da pressão arterial, comprometimento do sistema cardiovascular, dentre outros. É por isso que os idosos são bastante comuns em tribos indígenas. Se, por um lado, os habitantes das grandes cidades possuem acesso facilitado aos meios tecnológicos ligados à cura das doenças, por outro, os índios curam-se de modo diverso, reconhecendo que a doença é um desequilíbrio orgânico e que deve ser combatido de diferentes formas, inclusive pela fé, por meio de rituais para obtenção da saúde, bem como valendo-se da própria floresta e de seus elementos, como vegetação nativa, cascas de árvores, raízes e sementes que, muitas vezes, não estão sequer catalogadas pela nossa medicina tradicional (via estudos da biodiversidade).

Além disso, há uma importante consideração sobre os hábitos indígenas de preservação da saúde: são os banhos diários e coletivos, em águas de rios, cachoeiras e lagos. Os índios acreditam que as águas lavam as impurezas do corpo e do espírito. Nestes banhos, parte da cultura é transmitida às crianças (sabe-se que os colonizadores europeus aprenderam o hábito dos banhos diários com os nativos da época).

O índio também se vale de conhecimentos adquiridos pelos seus ancestrais e pela manipulação do que existe em seu ambiente natural, que, na maioria das vezes, foi coletado da própria reserva que habita e que, portanto, está totalmente livre de agrotóxico, garantindo a pureza do produto e um maior poder de cura pelos elementos ativos presentes.

Mas a saúde indígena não se baseia somente na cura e sim na prevenção, que engloba o bem-estar geral dos indivíduos. Na verdade, este é um conceito difundido pela própria Organização Mundial da Saúde (OMS), a qual proclama que ser saudável é o completo bem-estar físico, psíquico e social. Para tanto, as populações indígenas acreditam que rituais específicos estejam ligados a este fato para obtenção da saúde. Assim, pedem aos deuses da floresta vigor para suas empreitadas. É importante lembrarmos que os índios são politeístas e que suas divindades estão representadas pelas matas, animais terrestres, lagos, rios, peixes e aves. Há também toda uma representatividade por meio das forças da natureza, como Tupã – o deus trovão. O céu noturno, as estações do ano e as horas do dia também simbolizam uma variada gama de deuses, mitos e lendas. Afinal, tudo que é natureza tem um tratamento especial pelos povos indígenas.

Todavia, há um grande risco de doenças sexualmente transmissíveis para a população indígena, decorrente do seu contato com o homem urbano. Isso já foi verificado, inclusive, pelo fato de que, no processo de aculturação, muitas pequenas tribos foram dizimadas por não possuírem anticorpos contra esses males e igualmente ignorarem maneiras preventivas dessas doenças. Diferente do homem urbano, os índios não trocam de parceiros, mostrando-se monogâmicos durante toda uma vida (essa é uma das razões pelas quais o casamento é incentivado entre seus membros).

5 O exercício da cidadania por meio do Folclore e da Arte

O folclore brasileiro está repleto de lendas indígenas que venceram o tempo e até os dias de hoje inspiram filmes, danças, músicas, contos, teatros, óperas e artes visuais. Apenas para citarmos algumas, podemos falar de Iara – a rainha das águas; Boto – o namorador da beira dos rios; Vitória-régia – a paixão transformada em flor noturna, e tantos outros, como o Curupira, o Saci-pererê, o Uirapuru e a Caipora. Tais lendas influenciaram inúmeras mídias e transformaram a imagem do Brasil perante o mundo.

Assim, podemos notar certa singularidade em algumas festas brasileiras, como as juninas, que reverenciam os santos do catolicismo com a culinária indígena (pipoca, pamonha, paçoca etc.). No carnaval brasileiro, também podemos observar as danças circulares oriundas dos processos de miscigenação entre índios, africanos e europeus. No próprio Festival Folclórico de Parintins, duas grandes equipes disputam o espetáculo que tem como tema central a Amazônia e sua cultura indígena.

Já na elaboração de moradias, arquitetos modernos estão se inspirando no formato das ocas, ou seja, casas e estúdios circulares que ofereçam um convívio mais próximo de seus habitantes, sem divisão de cômodos. Observa-se também apreço pela música, especialmente no que se refere ao ritmo, danças batuques, entre outros.

Outra grande influência indígena ocorre por conta da utilização de cerdas vegetais, normalmente indicadas para a confecção de cestaria e que acabou gerando objetos de decoração, utensílios domésticos e móveis em fibras e madeira, esta, com talho e entalhamento próprios.

Ainda temos as sementes que, nos trabalhos artísticos indígenas, são transformadas em miçangas naturais, influenciando a moda e o estilo em diversas épocas e diferentes países. Com relação aos nomes próprios, a influência deu-se, especialmente, em nomes de municípios e territórios, identificado de norte a sul do país.

Porém, infelizmente, o reconhecimento das contribuições indígenas pela sua arte é visto de forma discutível. Ainda se fala dos índios, na melhor das hipóteses, de forma purista, como se estivessem isolados no meio de uma mata e não sofressem com os desmatamentos para a produção de gado e extração ilegal da madeira, como se as demarcações dos territórios indígenas levassem em conta o fato de que estavam aqui muito antes da chegada dos colonizadores europeus. Sabemos que esses povos, pelo próprio processo de aculturação, na tentativa de se enquadrarem como um cidadão urbano e, aliado ao fato, muitas vezes, da perda de seus territórios, acabam se tornando, em geral, mendigos no coração das grandes metrópoles.

O índio não pode, porém, ser visto como alguém que necessite de cuidados paternalistas. De maneira contrária, mesmo em situações mais graves, sua população e/ou núcleos familiares conseguem se estabelecer, apesar das diferenças encontradas (GOMES,

2012). Todavia, podemos entender de outra forma tal questão, afinal, temos um caso emblemático do líder indígena, da tribo dos pataxós – Galdino Jesus dos Santos, que, em 1997, foi queimado vivo em um ponto de ônibus de Brasília (DF) enquanto dormia, nos deixando inquietos quanto à sua verdadeira representatividade social. Os cinco jovens, praticantes desta atrocidade, alegaram, em sua defesa, não saberem que se tratava de um índio e muito menos que ele – a vítima, havia participado de uma comemoração pelo dia do índio, ou seja, a violência indiscriminada usou o pseudo respeito dado a esta parcela de brasileiros para justificar a barbárie cometida.

Conclusão

Talvez, para encerrar esta reflexão, pudéssemos abordar mais e mais aspectos da cultura indígena que, se vasculhados ao longo da história, serão incontáveis, entretanto, temos muito a considerar em relação a todo este legado e pouco a comemorar no que se refere ao reconhecimento dos índios brasileiros, em qualquer parte do território nacional.

Tanto nas políticas públicas, que muitas vezes parecem caminhar na contramão das práticas legalizadas, quanto no trato interpessoal direto, pode-se notar desrespeito ao modo de vida dessas populações e igual desprezo, tantas vezes pelo fato de desconhecermos a riqueza que permeia sua história, suas lutas diárias, suas conquistas silenciosas e suas raízes, deixando-nos experiências que trazemos para quase todas as esferas de nossa vida urbana.

Por fim, uma advertência fundamental. Ao fazermos uma distinção étnico-social entre índios e homem urbano, não se pretende acirrar o preconceito, por vezes, tão evidente. Ao contrário, o que se quer é que, justamente, pela identificação dessas diferenças representadas por modos de vida tão diversos, possamos entender a grandeza das contribuições do processo de aculturação. Enquanto que, com a tecnologia, as distâncias se tornaram menores e a comunicação estabelecida de maneira mais ágil, o legado naturalmente ecológico das populações indígenas se faz presente com uma força extraordinária, especialmente em tempos tão sombrios, nos quais o futuro do planeta, seu clima e as condições gerais de sobrevivência se mostram extremamente fragilizados.

Referências bibliográficas

GOMES, Mércio Pereira. *Os Índios e o Brasil. S*ão Paulo: Editora Contexto, 2012.
RIBEIRO, Berta Gleizer. *O Índio Na Cultura Brasileira.* Rio de Janeiro: Editora Revan, 2008.
RIBEIRO, Darcy. *Maíra.* Rio de Janeiro: Editora Record, 1978.
SCARAMUZZI, Igor Alexandre Badolato. *De Índios para Índios*: a escrita indígena da história. Dissertação de Mestrado (DOI/10.11606/D.82008.tde-30032009-151939) Orientador: Gallois, Dominique Tikin (Catálogo USP); São Paulo, USP – Faculdade de Filosofia, Letras e Ciências Humanas, 2008.
VILLAS BOAS, Orlando, Cláudio. *Xingu*: os índios, seus mitos. São Paulo: Círculo do Livro, 1984.
ZENUN, Hamada Katsue. *Ser Índio Hoje.* São Paulo: Editora Loyola, 2010.
www.funai.gov.br. Acesso em: 02 set 2017.
http://www.funai.gov.br/index.php/educacao-escolar-indigena?start=1). Acesso em: 09 ago. 2017.
http://www.funai.gov.br/index.php/saude). Acesso em: 06 jun. 2017.
http://www.funai.gov.br/index.php/ascom/1947-historia-e-cultura-guarani). Acesso em: 02 jul. 2017.

Referências bibliográficas

10

Ciganos: etnias, memórias e significação

Flávio César Rossi[1]
Homero Tadeu Colinas[2]
Regiane Aparecida Rossi Hilkner[3]
Vaníria Felippe Tozato[4]

Introdução

Ao longo deste capítulo, refletiremos sobre a história de um povo, ou melhor, de um conjunto de comunidades encontradas em quase todas as regiões do mundo: os ciganos. Considerado um povo exótico, alegre, porém misterioso, provoca sentimentos díspares nas sociedades não ciganas. Em alguns, causa curiosidade, fascínio; em outros, medos e preconceitos. São caminhantes ainda hoje. Em suas andanças, desfilam os seus trajes coloridos; expressam

---

1 Mestre em Engenharia de Produção; Coordenador de Extensão do Centro Universitário Salesiano de São Paulo, UNISAL, Unidade Americana; Docente dos Cursos de Administração e Moda; Membro do Núcleo de Educação Étnico-Racial, UNISAL.

2 Mestre em Educação; Diretor de Operações do Centro Universitário Salesiano de São Paulo, UNISAL, Unidade Americana; Docente do Curso de Pedagogia.

3 Doutora em Antropologia; Coordenadora de Cursos de Pós-Graduação em Educação, Docente em Cursos de Graduação do Centro Universitário Salesiano de São Paulo, UNISAL; Membro do Núcleo de Educação Étnico-Racial, UNISAL.

4 Especialista em Gestão de Pessoas; Graduada em Pedagogia e Direito; Coordenadora de Extensão do Centro Universitário Salesiano de São Paulo, UNISAL, Unidade Americana; Membro do Núcleo de Educação Étnico-Racial, UNISAL.

a felicidade por meio de suas danças e sorrisos marcados com a presença do ouro nos dentes.

Além de nômades, os ciganos são, também, ágrafos e, independentemente dos muitos clãs que se dividem, mantêm seu idioma e a padronização do dialeto romani, que é um sistema fonológico complexo e autônomo, considerado o grande tesouro cigano; não permitem que "gadjôs" – os não ciganos – o dominem, para que não partilhem seus conhecimentos, invadam a sua história e interfiram em suas memórias, consideradas subterrâneas, à margem da história oficial.

A saga cigana é transmitida de geração em geração, por meio da história oral, carregando emoções e sentimentos: saga de dores e preconceitos de um povo que foi escravizado durante 500 anos e, ainda hoje, luta pelo reconhecimento de sua existência.

1 Ciganos: caminhantes do tempo

Historiadores apontam o ano de 1322 d.C. como o primeiro registro da presença de caminhantes na Ilha de Creta. Nesta época, foram identificados como " Raça Chan". No final do século XIV, comentava-se sobre um povo moreno que se cobria de panos coloridos, adereços dourados e andar descalço que caminhava junto, sempre em frente, com suas crianças, velhos e cães em suas carroças. Boêmios, egípcios, sarracenos... recebem várias designações. Saltimbancos e leitores de sorte!

A escravidão cigana inicia-se na Valáquia, onde são nomeados de astinguiani. A razão da escravidão cigana nunca foi devidamente esclarecida. Há hipóteses de que foram simplesmente capturados e escravizados; outras, que eram prisioneiros de guerra e, numa condição de fome e maus-tratos, conduzidos à escravidão. Esta última é refutada, veementemente, pelos ciganos.

Independentemente de qualquer hipótese, o fato é que, desde o século XIV, há notícias da existência de escravos ciganos a serviço da Coroa, de mosteiros, de nobres, de fazendeiros e, até mesmo, de cidadãos abastados.

Em obra intitulada "*Rom, Sinti e Calon*", Migowsk afirma que em 1839 um jornalista francês escreveu: "a miséria está tão claramente estampada nos seus rostos que, se avistar um, você perde o apetite" (2008, p. 35). E continua:

> O movimento abolicionista que surgiu na Europa do século XIX preocupava-se antes de tudo com a abolição da escravidão negra nas Américas, porque sempre é mais cômodo preocupar-se com problemas ecológicos, sociais, de direitos humanos, de violência urbana, de torturas, fome etc. em continentes e países distantes, e esquecer problemas idênticos existentes no próprio continente ou até no próprio país como, por sinal, acontece ainda hoje. Por isso ninguém deve estranhar que a escravidão cigana na própria Europa só era lembrada por alguns poucos autores. Segundo um deles, o abolicionista Kogalniceanu: "Os europeus estão organizando sociedades filantrópicas para a abolição da escravidão na América, mas no seio do próprio continente da Europa, existem 400.000 ciganos que são escravos, e outros 200.000 que são igualmente vítimas de barbaridade" (MIGOWSK, 2008, p. 36).

Ainda segundo Migowsk (2008), a escravidão cigana na Moldávia foi considerada ilegal somente em 1855, e em 1856 na Valáquia. Por completo, a escravidão cigana seria abolida somente em 1864, totalizando-se 500 anos de escravidão.

Fugindo da escravidão e do domínio muçulmano, um grande contingente de ciganos migrou para a Europa Latina, daí uma presença forte e intensa dos gitanos na Espanha, dos ciganos em Portugal, dos zíngaros na Itália e dos tsingares na França. A insegurança e o medo fizeram com que o nomadismo se intensificasse, bem como as estratégias de manutenção de sua cultura através da memória corporificada em seus trajes, danças, costumes e dialeto. O perfil identitário cigano foi construído, portanto, em movimentos migratórios, peregrinos.

Especula-se que a história dos ciganos no Brasil tenha se iniciado em 1574, quando o cigano João Torres e sua família foram degredados da Europa para o Brasil. Posteriormente, foram vários os ciganos deportados ao Brasil pela Coroa Portuguesa, sob alegação de delitos que tocavam a fé e a sexualidade: "no reinado de Dom João VI, que durou de 1706 a 1750, a perseguição aos ciganos se acentuou e dezenas deles foram degredados para as colônias ultramarinas, inclusive para o Brasil" (TEIXEIRA, 2008. p. 74).

Nesta época, mais precisamente em 1712, o dicionário de língua portuguesa do Padre Blateau, posteriormente reeditado sob a direção do brasileiro Antônio de Moraes Silva (1789, p. 345), apresentava duas definições de ciganos:

> Raça de gente vagabunda, que diz que vem do Egito e pretende conhecer de futuros pelas rayas, ou linhas da mão; deste embuste vive, e de trocas, e baldrocas; ou de dançar, e cantar: vivem em bairro juntos, tem alguns costumes particulares, e uma espécie de Germania com que se entendem. (...) Cigano, adj. que engana com arte, subtileza, e bons modos.
> Ciganos – Nome que o vulgo dá a uns homens vagabundos e embusteiros, que se fingem naturais do Egito e obrigados a peregrinar pelo mundo, sem assento nem domicílio permanente, como descendentes dos que não quiseram agasalhar o Divino Infante quando a Virgem Santíssima e S. José peregrinavam com ele pelo Egito.

Ser chamado de cigano, nesse sentido, era um insulto à população não cigana, sinônimo de imoral e marginal, além de sedutor e feiticeiro. Esta ampla gama de considerações sobre os ciganos os fizeram reagir através de seu nomadismo.

2 Romani: a expressão da identidade cultural cigana

O dialeto romani é a expressão mais evidente da identidade cultural cigana. É uma linguagem própria, exclusiva e uma das maneiras de os ciganos manterem-se vivos, unidos, com suas tradições preservadas, visto que a cultura é transmitida oralmente. Afirmam que a sua língua é o seu continente e a extensão da memória de seus ancestrais; é a dimensão de sua existência.

O idioma é tão importante para a história e memória cigana que, sobre ele, poetiza Luria Mirko, cigana Lovara, em 2005:

Nossa língua
Amo você,
nossa língua.
Você é rica e pobre
como nós.
Quando estamos tristes
você nos dá as palavras para chorar,
quando estamos contentes
você nos dá as palavras para nos alegrar
quando temos que nos esconder
você, nossa língua, nos ajuda.
Você viajou junto a nós
ao longo das estradas do mundo,
era o fogo das nossas canções,
e agora
nestes terrenos insalubres
que os gadjôs nos reservam
você morre um pouco a cada dia,
como nós.
Se te perdermos
nós também estaremos perdidos.
Escutem, rapazes,
escute, juventude,
os nossos velhos ciganos
nos deixaram
esta bela e doce língua.
Não a esqueçamos,
Ensinemos aos nossos filhos,
conservemos sempre conosco
como o único tesouro que nos
pertence.

Dada a importância deste mecanismo de perpetuação de memória e identidade cultural, em 1403, foi instituída, na Europa, a "Lei de Contenção Cigana", na qual os ciganos foram impedidos de ensinar seu dialeto aos seus filhos, sob pena de morte; em 1710, a Coroa Portuguesa instituiu a mesma proibição no Brasil, no entanto, com penalidades mais brandas, como o cárcere.

A Lei de Contenção Cigana prescrevia também que os filhos dos ciganos pudessem ser retirados de suas famílias e encaminhados às famílias gadjôs, na condição de escravos. Da necessidade do resgate de seus próprios filhos, origina-se o mito que os ciganos roubam crianças.

Somente em 1971 o direito de falar a língua própria passa a ser reconhecido em muitos documentos internacionais e em praticamente todas as constituições nacionais.

> De qualquer modo, não há como proibir o uso de línguas e dialetos diferentes e não oficiais no uso diário, em casa ou na rua. Por isso, hoje em todos os países europeus os ciganos podem falar livremente suas línguas e seus dialetos, em casa ou na rua, embora o ensino nas escolas seja nas respectivas línguas nacionais, tanto na Europa Ocidental quanto na Europa Oriental (IVATTS, 2008, p. 74).

A Convenção Europeia de Direitos Humanos (2001, p. 13) foi explícita ao afirmar que:

> A língua é a expressão mais evidente da identidade de um povo. Ainda que minoritária, toda etnia tem o direito de exprimir, conservar e desenvolver a sua própria língua. A perda da língua significa a perda da identidade cultural de um povo. Os grupos maioritários têm a responsabilidade e o dever moral de assegurar que este direito seja reconhecido para todos e posto em prática de maneira concreta. Isto não é somente uma questão de proteção dos direitos de minorias, mas um meio de incrementar o respeito mútuo e o diálogo, a fim de evitar qualquer forma de conflito social e cultural. Tudo isto serve, sobretudo, para enriquecer o patrimônio cultural de cada comunidade. Se a língua é expressão da cultura de um povo, quando uma língua não é considerada igual em dignidade à língua maioritária de um país, persistirá a impossibilidade de aquela cultura comunicar os seus valores positivos, ficando assim favorecida a recusa racista.

No Brasil, o Projeto de Lei do Senado n° 248, de 2015, institui o Estatuto do Cigano, visando garantir à população cigana a igualdade de oportunidades, com a seguinte justificativa do Senador Paulo Paim:

> Vive-se hoje a época de disseminada proteção jurídica dos direitos humanos. Assim, defende-se o direito à diferença, segundo o qual as minorias devem ter o direito de exercer a sua diferença em igualdade de condições com os demais. Nessa seara, testemunha-se amplo catálogo normativo de proteção aos direitos de várias minorias, quantitativas ou políticas, como as mulheres e os negros. Contudo, há minorias ainda sem marcante proteção legal. Entre elas, há os ciganos.
>
> Embora os ciganos tenham chegado ao Brasil, com o precursor João Torres, ainda em 1574, até hoje padecem de desigualdade material com o restante da população brasileira. Cumpre-nos, assim, apresentar este projeto de lei, proposto pela Associação Nacional das Etnias Ciganas (ANEC), nos moldes do Estatuto da Igualdade Racial, como uma forma de, enfim e definitivamente, assegurar a igualdade de oportunidades à população cigana residente no Brasil. O projeto abrange um catálogo de direitos voltado justamente para a solução dos problemas vivenciados particularmente por tal população.
>
> Solicito, portanto, aos nobres Pares o apoio para a aprovação deste importantíssimo projeto que tornará mais justa a efetivação de direitos dos ciganos no Brasil.

Estabelece o Projeto de Lei nº 248, de 2015, que propõe a criação do Estatuto do Cigano, em seu artigo 1:

> Parágrafo único. Para efeito deste Estatuto, considera-se:
>
> I – População cigana: o conjunto de pessoas que se autodeclaram ciganas, ou que adotam autodefinição análoga;
>
> II – Desigualdade racial: toda situação injustificada de diferenciação de acesso e fruição de bens, serviços e oportunidades, nas esferas pública e privada, em virtude de raça, cor, descendência ou origem nacional ou étnica;
>
> III – Políticas públicas: as ações, iniciativas e programas adotados pelo Estado no cumprimento de suas atribuições institucionais;
>
> IV – Ações afirmativas: os programas e medidas especiais adotados pelo Estado e pela iniciativa privada para a correção das desigualdades raciais e para a promoção da igualdade de oportunidades.

Especificamente sobre a Língua Cigana, no Capítulo III, Artigos 8º e 9º, fica estabelecido que:

> Art. 8° As línguas ciganas constituem bem cultural de natureza imaterial.
> Art. 9° Fica assegurado à população cigana o direito à preservação de seu patrimônio histórico e cultural, material e imaterial, e sua continuação como povo formador da história do Brasil.

Mesmo amparados por Lei, os ciganos reclamam, ainda hoje, o direito de ter o seu idioma e a sua cultura respeitados verdadeiramente.

Conclusões

Defrontar-se com um cigano é estar diante de uma abissal diferença: distintas crenças, distintos olhares, distinta cultura.

Os ciganos, embora pertencendo a uma única etnia, ao longo dos séculos de imigrações, deixaram de ser um povo homogêneo, dividindo-se em grupos e subgrupos. Independentemente a qual grupo ou subgrupo estejam insertos, há o nítido sentimento de pertencimento, que é manifestado pela Honra Cigana.

A "Honra Cigana" sobreviveu aos estereótipos predominantemente pejorativos, fazendo-se reverter quase todas as situações que o contexto adverso lhe ofertava. Foram séculos de preconceitos e hostilidades: trapaceiros, sedutores, enganadores, feiticeiros. Tais termos ficaram enraizados na imaginação da população até os dias atuais.

A cultura cigana resistiu à escravização e ao holocausto. A imigração e o nomadismo lhes permitiram invisibilidade e fluidez diante das coerções das sociedades abrangentes. A memória, extraordinário feito da história dos ciganos, foi uma grande vantagem para a sobrevivência da condição cigana diante das mais antagônicas circunstâncias; o dialeto romani representou uma das mais belas expressões da história cigana, a transmissão oral de pais para filhos.

Referências bibliográficas

BRASIL. Projeto de Lei do Senado nº 248. DF, 2015. Disponível em: <http://legis.senado.leg.br/sdleg-getter>. Acesso em: 06 out. 2017.

Convenção Europeia de Direitos Humanos, caso 10.052, Relatório 03/01. Suíça, 2001.

HILKNER, Regiane Rossi. *Ciganos* – peregrinos do tempo. Ritual, Cultura e Tradição. 246 páginas. Tese de Doutorado – UNICAMP, Campinas, 2007.

IVATTS, Arthur. As minorias ciganas e seus direitos. In *Cadernos de Ciências Sociais e Antropológicas*, João Pessoa: MCS/UFPB, v. 37, n 339, p. 53-75, ago. 2008.

MIGOWSH, Laua. *Rom, Sinti e Calón*. Rio de Janeiro: Imago, 2008.

SILVA, Antônio de Moraes. *Dicionário da língua portuguesa.* Rio de Janeiro: Officinas de SA Litho – Typographia Fluminense, 1789.

TEIXEIRA, Rodrigo Corrêa. *História dos ciganos no Brasil.* Recife: Núcleo de Estudos Ciganos, 2008.

11

Sistema Preventivo de Dom Bosco e Ubuntu: perspectivas para a educação[1]

Antonio Tadeu de Miranda Alves[2]
Daniel Nascimento Claudino[3]
Verônica Caetano[4]

Introdução

No intuito de contribuir para a educação, relacionaremos o Sistema Preventivo de Dom Bosco com a filosofia africana Ubuntu, explorando os principais fundamentos das respectivas temáticas e a dinâmica que aproxima as relações entre eles. Procuramos, também, evitar que justaposições não levem a um juízo um tema sobre outro, evitando, até mesmo, um olhar eurocêntrico, para assim favorecer a pluralidade cultural e estimular o pensamento a

---

1 Este capítulo é resultado das primeiras pesquisas realizadas pelo Grupo de Estudos Étnico-racial e Cultural (Geerc), formado por alunos egressos do Curso de Licenciatura em História, do Centro Universitário Salesiano de São Paulo, UNISAL, Unidade Lorena/ São Joaquim.

2 Mestre em História Social pela Pontifícia Universidade Católica de São Paulo, PUC-SP; Coordenador do Curso de Licenciatura em História, Coordenador do Grupo de Estudos Étnico-raciais e Culturais, GEERC, e membro do Núcleo de Educação das Relações Étnico-Raciais - Centro Universitário Salesiano de São Paulo, UNISAL.

3 Licenciado em História pelo UNISAL; Integrante do Grupo de Estudos GEERC.

4 Licenciada em História pelo UNISAL; Integrante do GEERC.

partir de outras fontes, como a "afroperspectiva" e a "afrocentricidade". Pretendemos, ainda que em caráter inicial, promover a reflexão sobre as ações sociais que levam à promoção individual e, consequentemente, à promoção da vida comunitária.

A problemática que emerge neste trabalho corresponde à possibilidade de se relacionar efetivamente as temáticas, de forma que as relações entre o Ubuntu e o Sistema Preventivo não sejam apenas de ordem subjetiva. Para a realização da pesquisa, foi fundamental iniciarmos com um levantamento bibliográfico específico, visando uma leitura reflexiva e analítica das temáticas aparentemente distintas, mas com grandes pontos de convergência.

Em nosso exercício "inaugural", partimos de uma pesquisa bibliográfica na qual acentuamos o uso de fontes secundárias (sendo a maioria secundarizada devido às traduções), recorrendo à entrevistas e apresentações de especialistas sobre a temática Ubuntu, pois o tema escolhido carece de fontes escritas que sejam específicas. Há uma grande quantidade de fontes digitais sobre o assunto, entretanto, a maioria em quantidade e consistência epidérmicas.

Para a temática Sistema Preventivo de Dom Bosco, optamos por selecionar fontes que são, em sua maioria, compostas por periódicos de órgãos salesianos ou escritos do próprio Dom Bosco, transcritos em diversos livros sobre sua vida e obra, contando com citações de especialistas no tema, estudiosos que se dedicam a pesquisar a vida e a obra de São João Bosco.

Na temática *Ubuntu*, optamos por Ramose como ponto de partida das investigações. O autor apresenta-se como notável especialista na área, com obras de grande valor sobre o tema. Consideramos também outras fontes insertas na temática África e afrofilosofia, a fim de manter um recorte específico e ampliar nosso contato com as produções acadêmicas sobre o assunto. Para a análise das duas perspectivas, *Ubuntu* e Sistema Preventivo de Dom Bosco, procuramos realizar uma leitura das práticas de São João Bosco e seu legado, comparando-os à filosofia *Ubuntu* e buscando verificar semelhanças e divergências entre as diferentes formas de pensar.

1 Ubuntu

O texto a seguir busca familiarizar o termo *ubuntu*, discutindo a sua origem e a sua filosofia ética, bem como a sua prática social. Para tanto, será necessário recorrermos à terminologia da palavra *ubuntu* e o sentido metafísico que ela expressa. É, também, de grande importância que apresentemos alguns sentidos da filosofia africana, daquela disseminada nos meios sociais tradicionais, assim como nas redes sociais e nos meios de comunicação via web, carregados de interpretações errôneas e mal-entendidas.

Para a compreensão do sentido da palavra *ubuntu*, utilizaremos a definição do filósofo sul-africano Mogobe Ramose (2002), que, nos últimos anos, se tornou referência no tema. Para tanto, é de suma importância conhecermos a matriz banto, da qual se origina o termo *ubuntu*. A palavra *bantu* (em português: banto) significa "pessoas", "seres humanos" (seu singular "*muntu")*; sua origem se deu entre a República dos Camarões e Nigéria, na África Ocidental, por volta do século I d.C.; posteriormente, expandiu-se para a costa oriental por meio de relações comerciais com os árabes. Ocupando quase metade do continente, as cidades bantas, apesar da mesma matriz linguística, se diferenciaram em costumes e modos de vida, fato que pode ter feito variar o emprego da palavra *ubuntu*, ou até mesmo a sua pronúncia, ainda que o significado tenha permanecido como matriz para a fundamentação de reflexões no seio dos povos tradicionais africanos.

Segundo o professor Cunha Júnior (2010), *ntu* designa a parte essencial de tudo que existe e tudo que nos é dado a conhecer da existência, de modo que *muntu* é a pessoa dotada de existência em corpo, mente e cultura. O professor ainda apresenta a "palavra" como o fio condutor do *muntu*, pois, devido à tradição africana da oralidade, é a palavra que mantém a cultura e o ser, conservando renovadas tanto a cultura quanto a história dos povos. Por se tratar de uma tradição oral, não há muitos registros documentais acerca desta filosofia africana, o que, por vezes, ocasiona más interpretações ou desaparecimento da matriz no seio das gerações modernas.

Ainda no sentido estrutural da palavra, para Ramose, *ubu-ntu* são duas palavras que expressam um único sentido. Segundo o autor sul-africano:

> É o ser-sendo encoberto antes de se manifestar na forma concreta ou modo da existência de uma entidade particular. *Ubu*, como ser-sendo encoberto está sempre orientado em direção ao descobrimento, isto é, manifestação concreta, contínua e incessante por meio de formas particulares e modos de ser. Neste sentido, *ubu* está sempre orientado em direção a *ntu* (RAMOSE, 2002, p. 35).

É o ser-sendo que, em constante movimento, se relaciona com o *umuntu*, dotando-se de totalidade, sendo construído à medida que existe em conjunto. *Umuntu* refere-se à especificidade de *ubuntu*, isto é, o ser-sendo em ação e, neste sentido, segundo Ramose (2002), *umu* se confunde com *ubu*, pois ambos remetem ao sentido de ação (ser-sendo). Todavia, *umu* é a ação específica de *ubu*, é a ação política, religiosa, cultural e social, enquanto *ubu* é a generalidade da ação, é o pensamento, a conduta moral. Deste modo, ainda segundo Ramose (2002), *ubuntu* remete ao ser vindo a ser, é o processo em andamento impossível de ser interrompido.

Para o congolês Bas'Ilele Malomalo, a origem da palavra *ubuntu* vem da língua dos povos bantos, zulus e "*xhosa*" e remete à cosmovisão africana sobre o que tange a vida. É a rede de ligação entre os indivíduos e o divino, a comunidade e a natureza. É a relação intrínseca e indivisível.

Com base nesta definição de caráter epistemológico e etimológico, apresentamos a proposta de uma definição prática do que vem a ser *ubuntu*. Qualquer pesquisa na internet, mesmo superficial, pelo significado de *ubuntu*, leva prontamente a uma narrativa sobre jovens africanos que se unem para conseguir apanhar um fruto em uma árvore e dividem-no entre si. Esta narrativa expressa mais o sentido de *umuntu* do que *ubuntu* propriamente dito, uma vez que *ubuntu* expressa a intencionalidade do ser-sendo. Mas esta narrativa não deve ser descartada, pois, ainda assim, apresenta um sentido válido do significado de *ubuntu,* e se adequa aos dois propósitos. O primeiro é um sentido mercantil, no qual *ubuntu*, involuntariamente, é claro, remete a uma filosofia de autoajuda, que se estende a empresas e seus funcionários. É possível verificar como este tratamento superficial e esvaziador da filosofia africana, com sua interpretação equivocada, revela certo descaso com uma cultura ancestral. Tratar como orientações de autoajuda ou imperativo para relacionamento empresarial é consequência da característica voracidade da sociedade capitalista, que, como sabemos, tem como objetivo o lucro imediato nas suas mais diversas áreas existentes.

O segundo propósito que extraímos da narrativa é ligado ao aspecto de coletividade que nutre o *ubuntu*. Em uma entrevista a uma revista de circulação *on-line*, Bas'Ilele Malomalo diz:

> Na África, a felicidade é concebida como aquilo que faz bem a toda coletividade ou ao "outro". E quem é o meu "outro"? São meus orixás, ancestrais, minha família, minha aldeia, os elementos não humanos e não divinos, como a nossa roça, nossos rios, nossas florestas, nossas rochas (MALOMALO, 2010, p. 36).

Assim, para Malomalo, a relação com o outro, com a natureza, com a espiritualidade é a razão do *ubuntu*.

O autor Alexandre Nascimento, também estudioso do *ubuntu*, ao citar o Nobel da Paz de 1984, Desmond Tutu, ressalta algumas expressões utilizadas em seu discurso, como: *"significa que somos pessoas através de outras pessoas"* (NASCIMENTO, 2014, p. 30). Acreditamos que esta expressão explica por si só o sentido prático de *ubuntu*, estabelecendo a relação direta entre o ser vindo a ser (*ubuntu*) e o ser-sendo em ação (*umuntu*).

Por um outro lado, teóricos sociais asseguram que medidas afirmativas e assistencialistas devem se amparar na filosofia *Ubuntu*, objetivando a humanização dos meios sociais para situar os indivíduos em uma sociedade mais justa. Para Nascimento:

> Uma política de constituição do comum é a afirmação da ética Ubuntu, através da afirmação da igualdade contra o privilégio, da multiplicidade contra a uniformidade, do respeito contra o preconceito, da inclusão contra a exclusão e da criação de meios que assegurem para os muitos de uma coletividade a "humanidade" e, objetivamente, o acesso aos direitos definidos como "humanos" (NASCIMENTO, 2014, p. 30).

Ainda que a filosofia *Ubuntu* não se caracterize como uma panaceia para políticas assistencialistas, é possível compreendê-la dentro do campo social e político, quando se pretende criar espaços comuns dotados do sentido de coletividade. Para tanto, é possível encontrar na ética do *Ubuntu* os princípios que buscam uma unidade social justa, imparcial e equânime.

Recorrendo à definição de Ramose sobre ética, encontramos dois significados, um referente à filosofia e aos princípios do comportamento humano e um segundo que foca no comportamento moral humano enquanto ele se manifesta. Desse modo, temos no *Ubuntu* uma visão de ética baseada na interdependência do ser-sendo ligado ao ser vindo, mediados pela manifestação do *muntu*.

Até aqui apresentamos, então, ainda que timidamente, noções sobre uma afrofilosofia e procuramos contribuir para sua inserção nos meios acadêmicos. Segundo Ramose:

> Para outras culturas, o *ubuntu* pode enfatizar a importância vital de levar o "Nós" a sério. Na prática, isso significaria um 'polílogo' [ou polidiálogo] de culturas e tradições que promova a filosofia intercultural para a melhoria da compreensão mútua e a defesa da vida humana (RAMOSE, 2010, p. 36).

2 A Pedagogia de Dom Bosco e o Sistema Preventivo

Dom Bosco nasceu em 1815, na localidade dos Becchi, município de Castelnuovo d'Asti, em Turim, Itália; filho de uma família modesta e católica. São vastos os estudos sobre a vida e a obra de São João Bosco, como também sobre seus sonhos proféticos, sua iniciação nos estudos e na vida apostólica e, principalmente, sua prática pedagógica. Identificava, como missão sua, trabalhar em favor da educação e formação integral dos jovens, realizando sua vida apostólica de maneira a cumprir essa sua missão. Para tanto, o diocesano italiano empenhou-se em fundar instituições religiosas dedicadas à educação.

Neste estudo, nos limitaremos a pontuar alguns dos principais fundamentos do Sistema Preventivo de Dom Bosco, enunciado pela primeira vez em 1877, em Nice, na França, durante a inauguração do Patronato de São Pedro, adotado como práxis salesiana a partir de então.

Podemos entender o Sistema Preventivo como uma prática educativa realizada por Dom Bosco a partir de sua vivência com os jovens, que tomou a forma de um sistema normativo atemporal e universal, composto de ações e procedimentos desenvolvidos pelo educador turinense a fim de formar "bons cristãos e honestos cidadãos".

Para compreendermos o método pedagógico construído por Dom Bosco, é necessário pontuar que, no processo de ensino e aprendizagem, as práticas pedagógicas podem seguir as diretrizes da repreensão ou da prevenção. Em educação, um sistema de repreensão pode ser entendido como a imposição da disciplina, em um processo posterior à ação identificada como incorreta. No limite, há uma "prática de castigos" como ação educadora. Por outro lado, em um sistema de prevenção, a disciplina é intrínseca, traduzindo-se como uma relação de confiança entre educador e educando, relação proporcionada pelo convívio em um universo pautado, antes de mais nada, pela amizade.

A escolha primordial de Dom Bosco em seu caminho de acolhimento aos jovens é a visão positiva da pessoa humana, inspirada no humanismo otimista de São Francisco de Sales. Este é o grande diferencial que leva o "pedagogo" Dom Bosco a desenvolver (não como um complexo teórico, mas, antes, por meio da prática e dos exercícios daquelas relações de confiança e amizade) um sistema de educação preventivo, acreditando no potencial de desenvolvimento de cada indivíduo, na capacidade humana de criar e propagar o bem. Assim, "em todo jovem, mesmo no mais rebelde, existe um ponto acessível ao bem; o primeiro dever do educador é descobrir este ponto, esta corda sensível do coração e tirar proveito disto" (*apud* SCARAMUSSA, 1995, p. 5).

Assim, concretizado no cotidiano por São João Bosco, o Sistema Preventivo fundamenta-se na razão, na religião e na bondade (*amorevolezza*), dimensões humanas que constituem valores, religiosidade, afetividade e, sobretudo, humanidade. Sob esta ótica, a tríade que alicerça o Sistema Preventivo compreende não só o aluno, mas também a comunidade e o educador.

Ainda segundo Scaramussa, dentro deste sistema, a razão deve ser pontuada como capacidade de o indivíduo assimilar o sentido da vida e das coisas que a compõe, e é desta premissa que deve partir a ação educativa. O educador deve ser capaz de expressar a ação pedagógica de modo que o alunado compreenda e corresponda, realizando as práticas correspondentes às quais é convidado e incentivado a executar, entendendo que não se trata de uma simples imposição regulamentar. Assim, educador e educando estabelecem uma relação construtiva e de confiança, essencial para o desenvolvimento pessoal e para vida comunitária.

Em relação à religião, é preciso apontá-la como parte fundamental para a elaboração de um sentido para a vida. Nela, educadores e educandos "abrem-se aos valores do humano e do transcendente, buscando construir o próprio projeto de vida, enquanto se inserem na comunidade da fé" (SCARAMUSSA, 1995, p. 9).

A bondade ou *amorevolezza* vem da caridade, da alegria em fazer o bem. Para o educador, a bondade é a prática da caridade educativa, que só pode ser promovida quando em conjunto com a razão e a religião.

A partir destes apontamentos, podemos inferir que, dentro do Sistema Preventivo, o papel do educador é imprescindível como mediador do conhecimento, como mentor espiritual e mesmo como um tutor que se preocupa e se ocupa de guiar o jovem educando a uma vida de valores humanos, promovendo nesta sinergia o amor. "O amor é o cimento que torna educadores e educandos membros de uma mesma família" (SCARAMUSSA, 1995, p. 7). Conforme Braido (2008), o Sistema Preventivo de Dom Bosco é articulado de maneira que o educador seja responsável pelo sucesso da ação educativa, tendo como bagagem o ônus da garantia e da fecundidade da prática pedagógica.

Em suma, Dom Bosco, ao elaborar seu apostolado, estabelece o processo educativo não apenas como uma ação pedagógica, mas como uma ação social, uma prática comunitária provedora do bem, uma intervenção dinâmica e cotidiana que leva a promoção integral do indivíduo.

3 Relação entre práticas

Ao relacionarmos Sistema Preventivo e *Ubuntu*, percebemos que ambos agregam valores para a vida em comunidade. Tomamos como ponto comum a educação como espaço de relações sociais. Em Dom Bosco, verificamos um conjunto de práticas sociais que permeiam o mundo da educação e, na afrofilosofia *Ubuntu*, uma ética que igualmente preza pelo bem comum centrada nas relações interpessoais. Cremos, ainda, que, dentro de uma sociedade multifacetada, com diversas religiões, etnias, culturas, classes sociais, modos de vida, a educação apresenta-se como um dos meios mais influentes para atender às demandas dos relacionamentos sociais.

Uma forma de entender a dinâmica do Sistema Preventivo é compreender o que é preventivo. Segundo cadernos periódicos salesianos: "preventivo é sinônimo também de 'prévio', 'preparado', 'predisposto', de criação das condições positivas para alcançar uma meta eficaz e humanamente satisfatória" (NANNI, 2014, p. 22). Neste sentido, a prevenção só existe em um ambiente programado, no qual uma das partes deve representar um papel de tutela[5] e orientação. Tal como acontece na afrofilosofia, onde, dentro

5 O termo "tutela" tem sido corrompido, carregado de conotação pejorativa,

das relações, com base na experiência e sabedoria, uma das partes guia os outros a uma vida plena em comunidade.

A necessidade da tutela na educação, seja ela escolar ou comportamental (em casa), é de grande importância, ainda mais quando as relações envolvem os jovens. Dentro da perspectiva do *Ubuntu*, a relação entre os mais experientes e os mais novos deve ser baseada na humanização dos seres. Para Nogueira, a "desumanização de outros seres humanos é um impedimento para o autoconhecimento e a capacidade de desfrutar de todas as nossas potencialidades humanas" (NOGUEIRA, 2012, p. 18). Dom Bosco, por sua vez, nos apresenta o conceito de "promoção individual", isto é, o potencial de desenvolvimento do indivíduo na promoção do bem. A pedagogia de Dom Bosco parte da premissa que há sempre um ponto acessível em cada ser, passível de ser trabalhado, tornando aquele indivíduo apto para uma vida de comunhão.

Entendemos que é neste ponto que o *Ubuntu* se encontra claramente com o Sistema Preventivo, pois ambos buscam estimular a potencialidade de cada ser. Na visão do turinense, o objetivo deste estímulo inclui uma relação com o mundo secular. Na afrofilosofia, estes potenciais humanos criariam, dentro de uma cosmovisão, uma relação com o transcendente, partindo da superação das superficialidades mundanas.

Secular e mundano se encontram e se completam, onde a superação do mundo secular se dá na própria passagem pelo mundo secular.[6] Na afrofilosofia, temos a dimensão onde acontece o *umuntu* (a dimensão da vivência), que, para Ramose, é a dimensão "que torna possível o discurso e o conhecimento de ser" (RAMOSE, 2002, p. 10). Dom Bosco viveu num tempo de grandes mudanças políticas e econômicas, no qual muitos sofreram por não

---

significando submissão alienada. Entendemos tutela como auxílio ou proteção que se oferece a alguém, com grande carga de responsabilidade da parte daquele que a exerce.

6 Ressaltamos aqui o uso da palavra secular como oposto à espiritual (religioso) e mundano para referirmos ao mundo tangível.

terem meios de se adaptar às mudanças em curso. Neste cenário, surge o Sistema Preventivo, visando garantir um meio de adaptação para os jovens no mundo. Sendo assim, hoje e "[...] antes de tudo, é importante 'refazer a operação Dom Bosco', isto é, fazer no nosso tempo como Dom Bosco fez no seu, na medida das nossas capacidades e forças" (NANNI, 2014, p. 35).

Umuntu coexiste com *Ubuntu*, formando o agir-agindo, a ação em movimento, o prevenir-prevenindo; de modo que, dentro do Sistema Preventivo, é a tutela constante que invariavelmente resulta em laços entre as partes, criando vínculos. A matriz destes vínculos, para João Bosco, era a doação de si. Segundo as Constituições dos Salesianos, no seu artigo 20, afirma-se que, para Dom Bosco, o Sistema Preventivo era "[...] um amor que se doa gratuitamente, nutrindo-se da caridade de Deus, que se antecipa a toda criatura com a sua Providência, segue-a com sua presença e salva-a com a doação da própria vida" (NANNI, 2014, p. 22). Entendemos aqui a importância da religião para a realização da sua obra, assim como na afrofilosofia, que se baseia em valores transcendentes para a comunhão dos seres, a realização do *bantu*, propriamente dito.

Conclusão

Há uma tríade no Sistema Preventivo, razão – bondade – religião, que se compara a uma tríade fundamental no *ubuntu*, comunidade – natureza – divino. Ambas demonstram preocupação com o equilíbrio entre secular e espiritual, cada qual segundo seu contexto. Dom Bosco acreditava que a bondade era natural nos homens, mas alguns, devido ao contexto social, não a exploravam. Na afrofilosofia, a natureza é parte constante das nossas relações, é a ligação com o cosmo, dotada de sentido e de bem. Para Cunha Júnior, "a natureza, o meio ambiente, a localidade, a comunidade ou os lugares na sua complexidade ou integralidade fazem parte do ancestral" (JUNIOR, 2010, p. 32). É na ancestralidade que toda relação se baseia no *Ubuntu*, onde o ancestral é um ponto comum aos homens. Pensar ancestralidade é pensar em uma sabedoria preexistente, capaz de gerir a prevenção, atingindo bem cada ser.

Neste mesmo sentido, razão e comunidade se completam, de modo que o conhecimento racional do mundo capacita a vida em comunidade e a vida em comunidade proporciona uma visão racional do mundo. Tal acontece com religião e divino, amparados na transcendência e no desconhecido que guia todo homem. Assim, também, podemos encontrar relação entre a bondade do Sistema Preventivo com a comunidade da afrofilosofia, ao remetermo-nos à questão do objetivo da vida em comunidade e na proposta de bem que ambas se amparam. Razão e divino se encontram, nos ligando ao pensamento crítico do ser-sendo em direção ao *ntu*. Coligimos, então, que as tríades são complementares e simbióticas quando postas em contato uma com a outra.

Podemos inferir, portanto, sem evidentemente esgotar as possibilidades de análise que as temáticas proporcionam, que as relações entre ambas perspectivas transcendem o tempo e o espaço. São permeadas pelo desejo de guiar-nos para uma vida melhor em comunidade e que, vistas pelo olhar da educação, somos assistidos por duas visões que contribuem para o educador, o educando e a comunidade que os cerca.

Referências bibliográficas

BRAIDO, Pietro. *Dom Bosco, padre dos jovens no século da liberdade.* V. 1. Trad. Geraldo Lopes e José Antenor Velho. São Paulo: Salesiana, 2008.

DANTAS, Luís Thiago Freire. *Justiça e raça na filosofia de Mogobe Ramose.* I Congresso do Núcleo de Estudos Nietzschianos – Fronteiras do Perdão e da Justiça. Disponível em: <http://filosofia-africana.weebly.com/uploads/1/3/2/1/13213792/lu%C3%ADs_thiago_freire_dantas_-_justi%C3%A7a_e_ra%C3%A7a_na_filosofia_de_mogobe_ramose.pdf>. Acesso em: 14 jun. 2016.

FERREIRA, Antônio da Silva. *Dom Bosco e a política* – temas salesianos 3. Inspetoria Salesiana de São Paulo. São Paulo, 2009.

FILHO, P. Genésio Zeferino da Silva; SCARAMUSSA, Tarcísio. *Pedagogia do amor*: o Sistema Preventivo. Projeto de formação de professores. Disponível em: <https://rse.s3.amazonaws.com/uploads/document/file/193/SubsidioRSE1.pdf>. Acesso em: 24 out. 2016.

JUNIOR, Henrique Cunha. NTU. *Revista Espaço Acadêmico*, vol. 9 nº 108, maio de 2010. Disponível em: <http://www.periodicos.uem.br/ojs/index.php/EspacoAcademico/article/view/9385/5601>. Acesso em: 02 set. 2016.

MALOMALO, Bas'Ilele. *Eu só existo porque nós existimos*: a ética Ubuntu. Disponível em: <http://www.ihuonline.unisinos.br/index.php?option=com_content&view=article&id=3691&secao=353>. Acesso em: 07 jul. 2016.

NASCIMENTO, Alexandre do. Ubuntu, o comum e as ações afirmativas. *Revista Lugar Comum 41º*. Disponível em: <http://uninomade.net/wp-content/files_mf/111404140914Ubuntu%20o%20comum%20e%20as%20a%C3%A7%C3%B5es%20afirmativas%20-%20Alexandre%20do%20Nascimento.pdf>. Acesso em: 07 jul. 2016.

NANNI, Carlo. *O Sistema Preventivo de Dom Bosco, Hoje*. Trad. D. Hilário Moser. Cisbrasil, Brasília, 2014.

NOGUEIRA, Renato. *Ubuntu como modo de existir*: elementos gerais para uma ética afroperspectivista. *Revista ABPN*, v. 3, n. 6, nov. 2011 – fev. 2012. Disponível em: <http://www.abpn.org.br/Revista/index.php/edicoes/article/viewFile/207/155>. Acesso em: 09 ago. 2016.

PAVANI, João Roberto. *Princípios do sistema preventivo de Dom Bosco vistos através da Carta de Roma*. São Paulo: Palavra & Prece, 2013.

RAMOSE, Mogobe B. *A importância vital do nós*. Disponível em: <http://www.ihuonline.unisinos.br/index.php?option=com_content&view=article&id=3688&secao=353>. Acesso em: 19 out. 2016.

______. *Sobre a Legitimidade e o Estudo da Filosofia Africana*. Trad. Dirce Eleonora Nigro Solis, Ensaios Filosóficos, Volume IV – outubro/2011. Disponível em: <http://www.ensaiosfilosoficos.com.br/Artigos/Artigo4/RAMOSE_MB.pdf>. Acesso em: 10 abr. 2016.

III

EDUCAÇÃO EM DIREITOS HUMANOS

12

A escassez de recursos públicos e a violação dos Direitos Humanos no Brasil[1]

Daisy Rafaela da Silva[2]

Introdução

Ao tratar dos Direitos Humanos e sua efetividade no Brasil, reporta-se à Declaração Universal dos Direitos Humanos da Organização das Nações Unidas de 1948 e aos Direitos Fundamentais constantes na Constituição Federal de 1988.

Para a efetividade dos Direitos Humanos, é fundamental a adoção de Políticas Públicas específicas e, para isso, são necessários recursos financeiros. Entretanto, há que se considerar a escassez de recursos públicos para a implementação de direitos, a exemplo os direitos sociais. Diante da redução de receita, com a arrecadação de tributos, ou até mesmo perante dívidas públicas, torna-se complexo cumprir o mandamento constitucional e infraconstitucional para que se cristalize o Direito.

---

1 Este capítulo é fruto de pesquisas realizadas com o Grupo de Pesquisa Direitos Humanos CNPq, do Programa de Mestrado em Direito do Centro Universitário Salesiano de São Paulo, UNISAL.

2 Doutora em Direito; Mestre em Direitos Difusos e Coletivos; Professora do Programa de Mestrado em Direito e de Cursos de Graduação e Pós-Graduação em Direito do Centro Universitário Salesiano de São Paulo; Professora Doutora III da EEL USP; Coordenadora do Núcleo de Educação em Direitos Humanos do UNISAL.

1 Desigualdade e Pobreza: Vulnerabilidades

Para compreendermos as questões que envolvem violações dos Direitos Humanos, é necessário distinguirmos "desigualdade" de "pobreza".

A pobreza está associada às condições de vida que a pessoa humana tem, por exemplo, saneamento ambiental, alimentação, direito à moradia, ao trabalho, às garantias e direitos da infância e juventude, como o direito à educação. Por sua vez, a desigualdade, conceitualmente, é definida em razão da variável relativa, e se faz comparando-se a população mais rica em relação aos pobres e distância entre eles. Assim, de acordo com Mises:

> Um país que tenha uma pequena parcela de milionários e o restante da população passe fome, é muito desigual. Já um onde todos passem fome é igualitário. A condição objetiva dos pobres em ambos, contudo, é a mesma. Igualmente, se os mais pobres viverem como milionários e os mais ricos sejam uma pequena parcela de trilionários, a desigualdade é grande. As duas coisas, pobreza e desigualdade, se confundem facilmente, de modo que muita gente que se preocupa com a pobreza (com quem não tem, por exemplo, acesso a saneamento básico ou a educação) acaba falando de desigualdade: da diferença entre os mais ricos e os mais pobres. E essa confusão muda a maneira de pensar: pobreza e desigualdade acabam se tornando a mesma coisa, de modo que o melhor remédio contra a pobreza seria a redução da desigualdade, o que via de regra significa tirar de quem tem mais e dar para quem tem menos (MISES, 2017, p. 2).

A pobreza, e sua forma multifacetada, é o retrato da violação aos Direitos Humanos fundamentais, neste sentido, Grove (2006, p. 24) afirma:

> (...) a pobreza é uma privação ou violação de direitos humanos econômicos, juntamente com violações interdependentes e inter-relacionadas associadas aos direitos humanos sociais, culturais, civis e políticos. Esta definição

> de pobreza baseada nos direitos humanos implica reconhecer a dignidade e o valor de cada ser humano e o direito igual de todas as pessoas de gozar seus direitos humanos inerentes e indivisíveis. Aceitar a não discriminação e a igualdade, que são o cerne dos direitos humanos, inclui um compromisso com a igualdade substantiva ou de fato (igualdade de condições básicas, bem como resultados), além da igualdade ou direito formal antes da lei, apesar das enormes desigualdades estruturais. (Tradução nossa).

Na mesma direção, Terán (2006, p. 36) considera:

> As pessoas que vivem na pobreza sofrem violações de seus direitos humanos (econômicos, sociais, culturais, civis e políticos) e o respeito, a proteção, a promoção e a realização dos direitos humanos são fundamentais para a erradicação da pobreza. A este respeito, é importante analisar as omissões e ações do Estado, identificar medidas que afetem ou prejudiquem a realização do DESCA; por exemplo: políticas estatais discriminatórias e excludentes sobre acesso a serviços de saúde sexual e reprodutiva; concepção e implementação de programas de alimentação ou habitação culturalmente inadequados; adoção de medidas legislativas ou orçamentárias regressivas que afetem o sistema de proteção social; a aplicação do máximo de recursos disponíveis (incluindo os da cooperação internacional) para atender às necessidades prioritárias da população, com ênfase nos extremamente pobres; falta de regulamentação e controle adequados de atores não estatais como empresas privadas nacionais ou transnacionais que não respeitam os direitos trabalhistas ou que prejudicam o meio ambiente. (Tradução nossa).

Na obra *Direito, Desigualdade e Desenvolvimento*, Diogo Coutinho trata da relação entre pobreza, crescimento e desigualdade e afirma que compreender o conceito de pobreza "é insuficiente para a compreensão dos debates contemporâneos sobre desenvolvimento desde uma perspectiva social. Entender o que significa desigualdade é tão ou mais importante" (COUTINHO, 2016, p. 37).

Com a violação dos direitos humanos, surge a vulnerabilidade e esses mesmos direitos, ao não serem reconhecidos e realizados, tornam-se vulneráveis.

De acordo com Bragatto *et al* (2009, p. 192),

> A pobreza é, sem dúvida, a principal vulnerabilidade em relação aos Direitos Humanos, pois exclui grande parcela da população do acesso a bens e serviços básicos de atendimento das necessidades de vida com qualidade e liberdade. É possível, quem sabe, sugerir que todas as demais vulnerabilidades estão associadas ou são agravadas pela situação de pobreza. Desde os direitos mais individuais até os direitos dos povos são violados quando os sujeitos são pobres.

Prossegue Bragatto *et al* (2009, p. 192),

> É por isso que os pobres e empobrecidos são o grupo mais vulnerável em relação aos direitos humanos. Porque a miséria engloba um conjunto de carências e de violências contra todas as necessidades humanas. Esse conjunto de carências e violências, com suas circunstâncias e consequência, costuma ser denominado de questão social. Então a questão social, numa sociedade organizada em torno do mercado e dos grandes interesses econômicos internacionais, como é a nossa, é a expressão das desigualdades produzidas pelo sistema capitalista.
> (...) Mas, sobretudo, a questão social é a produção da pobreza e a discriminação dos empobrecidos. O enfrentamento da questão social através das políticas sociais é, então, limitado como medida de superação das condições de fundo da produção da desigualdade e da pobreza. Mesmo assim, a implementação de políticas econômicas mais distributivas e de políticas sociais mais participativas é parte importante do enfrentamento da violação dos direitos humanos, associada à pobreza.

Assim, a desigualdade social produz a vulnerabilidade econômica e causa, sob o ponto de vista cultural, a discriminação e o preconceito aos pobres.

2 Os custos financeiros públicos dos Direitos: a escassez como obstáculo para a concretização dos Direitos Humanos

Flávio Galdino, ao analisar os custos do Direito, afirma que "direitos não nascem em árvores", assim, os Direitos Humanos, especificamente os Direitos Sociais, para serem concretizados dependem de orçamento, gerando gasto público (GALDINO, 2005, p. 45).

Dessa forma, para a promoção de direitos explicitamente trazidos na Constituição Federal de 1988, cada vez mais as pessoas (em especial as pobres, sob o ponto de vista econômico) buscam junto ao Poder Judiciário o mandamento para obrigar o Poder Público a realizar gastos públicos para proteger determinado direito social, entretanto, os recursos públicos disponíveis não são suficientes para atender às demandas de modo que a Administração Pública não efetiva direitos, utilizando-se de recursos já alocados, por ordem judicial, sem desproteger, por alocação de verba, outros direitos, que também merecem a mesma tutela. Assim, a escassez de recursos públicos, pouco tratada pela academia jurídica, faz com que o Estado atue, de modo a escolher, a quem beneficiará.

O Supremo Tribunal Federal, em julgado de ARE 639.337 AgR – SP, justifica que:

> Não se ignora que a realização dos direitos econômicos, sociais e culturais – além de caracterizar-se pela gradualidade de seu processo de concretização – depende, em grande medida, de um inescapável vínculo financeiro subordinado às possibilidades orçamentárias do Estado, de tal modo que, comprovada, objetivamente, a alegação de incapacidade econômico financeira de pessoa estatal, desta não se poderá razoavelmente exigir, então, considerada a limitação material referida, a imediata efetivação do comando fundado no texto da Carta Política.

Em se tratando do tema escassez, ao se referir aos Recursos Públicos para efetivar os Direitos, muitos casos, após negativas por parte do Poder Público, são levados, via mandamento judicial, ao Judiciário que, muitas vezes, faz "escolhas trágicas".

Guido Calabresi e Philip Bobbit, professores da Universidade de Yale, em 1978, escreveram a obra *Tragic Choices: the conflicts society confronts in the allocation of tragically scare resources* e foram os precursores deste termo. Nesta obra, confrontam questões morais e legais sobre a alocação de recursos, confrontando duas questões: quantos recursos deve-se disponibilizar e a quem deve adjudicá-los. Assim, diante da escassez, há interesses da sociedade perante demandas individuais, o atendimento a elas gerará custos sociais, que repercutirão na máquina pública e na sociedade. Dentre os temas tratados pelos estudiosos americanos está a questão de mercado livre para a alocação de recursos para aparelhos de diálise e o oferecimento destes aos que têm condições econômicas, no qual os pobres morrerão e ricos sobreviverão, gerando indignação moral, considerando-se que o valor maior é o bem vida e todas as vidas são iguais. Os estudiosos sopesam a Ética, a Economia e o Direito, discutindo sobre a razoabilidade daquilo que é mais acertado a ser feito, como também sobre o mandamento das normas jurídicas. O importante, segundo os autores, é o caso concreto, o empírico, muito mais do que o moralmente aceitável. Em um mundo desigual, há uma série de implicações no tocante ao que é verdadeiramente útil (necessário) para a sociedade. Considerando a efetividade dos Direitos Sociais, há os Recursos Públicos que devem ser destinados a cada necessidade, para isso, há a alocação destes, que, segundo Bobbit e Calabresi, são tragicamente escassos. Considerando-se o princípio da Eficiência, a alocação de recursos, a partir da escolha trágica, pode não ser respeitada.

O jurista português José Casalta Nabais, em estudo intitulado "A face oculta dos direitos fundamentais: os deveres e os custos dos Direitos", trata de algo que ele descreve como velado, a face oculta da liberdade e dos direitos, consubstanciando em responsabilidades, deveres e custos que materializam os direitos. Sobre os custos do Direito, Nabais (2017, p. 11) pondera que:

> Voltando-nos agora para os custos dos Direitos, podemos dizer que, como acabamos de ver, qualquer comunidade organizada, mormente uma comunidade organizada na forma que mais êxito teve até ao momento, na forma de estado moderno, está necessariamente ancorada em deveres fundamentais, que são justamente os custos *lato sensu* ou suportes da existência e funcionamento dessa mesma comunidade. Comunidade cuja organização visa justamente realizar um determinado nível de direitos fundamentais, sejam os clássicos direitos e liberdades, sejam os mais modernos direitos sociais. Pois bem, num estado de direito democrático, como são ou pretendem ser presentemente os estados atuais, podemos dizer que encontramos basicamente três tipos de custos *lato sensu* que o suportam. Efetivamente encontramos custos ligados à própria existência e sobrevivência do estado, que se apresentam materializados no dever de defesa da pátria, integre este ou não um específico dever de defesa militar. Encontramos custos ligados ao funcionamento democrático do estado, que estão consubstanciados nos deveres de votar, seja de votar na eleição de representantes, seja de votar diretamente questões submetidas a referendo. E encontramos, enfim, custos em sentido estrito ou custos financeiros públicos concretizados, portanto, no dever de pagar impostos.

Amparado em Stephen Holmes e Cass H. Sustein, desenvolve a ideia de que os custos em sentido estrito são os custos financeiros dos direitos, em razão de não serem autorrealizáveis, e podem ser realisticamente protegidos num estado falido. Nabais prossegue:

> Na verdade, todos os direitos têm custos comunitários, ou seja, custos financeiros públicos. Têm, portanto, custos públicos não só os modernos direitos sociais, aos quais toda a gente facilmente aponta esses custos, mas também custos públicos os clássicos direitos e liberdades, em relação aos quais, por via de regra, tais custos tendem a ficar na sombra ou mesmo no esquecimento. Por conseguinte, não há direitos de borla, apresentando-se todos eles como bens públicos em sentido estrito (NABAIS, 2017, p. 3).

No Brasil, o Supremo Tribunal Federal (STF) julgou um Recurso Extraordinário com Agravo (ARE), cuja decisão definiu que um Direito Social com proteção constitucional é passível de imposição ao poder público mediante o Poder Judiciário, que poderá trazer as "escolhas trágicas" na alocação de recursos orçamentários. Acerca da integralidade dos Direitos Sociais apregoados na Constituição Federal, o julgado traduz:

> Embora inquestionável que resida, primariamente, nos Poderes Legislativo e Executivo, a prerrogativa de formular e executar políticas públicas, revela-se possível, no entanto, ao Poder Judiciário, ainda que em bases excepcionais, determinar, especialmente nas hipóteses de políticas públicas definidas pela própria Constituição, sejam estas implementadas, sempre que os órgãos estatais competentes, por descumprirem os encargos político-jurídicos que sobre eles incidem em caráter impositivo, vierem a comprometer, com a sua omissão, a eficácia e a integridade de direitos sociais e culturais impregnados de estatura constitucional (ARE 639337 AgR, Relator(a): Min. CELSO DE MELLO, Segunda Turma, julgado em 23/08/2011, DJe-177 DIVULG 14-09-2011 PUBLIC 15-09-2011 EMENT VOL-02587-01 PP-00125).

Assim, quando o Estado deixa de cumprir parcial ou integralmente o dever de implementar políticas públicas trazidas na Constituição Federal, "transgride" com esse comportamento negativo a própria integridade da Lei Fundamental, estimulando, no âmbito do Estado, o preocupante fenômeno da erosão da consciência constitucional. Para o ministro Celso de Melo,

> A inércia estatal em adimplir as imposições constitucionais traduz inaceitável gesto de desprezo pela autoridade da Constituição e configura, por isso mesmo, comportamento que deve ser evitado. É que nada se revela mais nocivo, perigoso e ilegítimo do que elaborar uma Constituição, sem a vontade de fazê-la cumprir integralmente, ou, então, de apenas executá-la com o propósito subalterno de torná-la aplicável somente nos pontos que se mostrarem ajustados à conveniência e aos desígnios dos governantes, em detrimento dos interesses maiores dos cidadãos.

Diante da omissão do Estado, de acordo com Celso de Melo, há um "inaceitável insulto a direitos básicos". Assim, a intervenção do Poder Judiciário para implementar as políticas públicas visa neutralizar os efeitos lesivos e perversos causados pela inércia do Estado.

Importante destacar, no julgado, as considerações sobre "escassez" e "escolhas trágicas" como se depreende, a seguir:

> A destinação de recursos públicos, sempre tão dramaticamente escassos, faz instaurar situações de conflito, quer com a execução de políticas públicas definidas no texto constitucional, quer, também, com a própria implementação de direitos sociais assegurados pela Constituição da República, daí resultando contextos de antagonismo que impõem, ao Estado, o encargo de superá-los mediante opções por determinados valores, em detrimento de outros igualmente relevantes, compelindo, o Poder Público, em face dessa relação dilemática, causada pela insuficiência de disponibilidade financeira e orçamentária, a proceder a verdadeiras "escolhas trágicas", em decisão governamental cujo parâmetro, fundado na dignidade da pessoa humana, deverá ter em perspectiva a intangibilidade do mínimo existencial, em ordem a conferir real efetividade às normas programáticas positivadas na própria Lei Fundamental.

Portanto, segundo o julgado:

> A cláusula da reserva do possível – que não pode ser invocada, pelo Poder Público, com o propósito de fraudar, de frustrar e de inviabilizar a implementação de políticas públicas definidas na própria Constituição – encontra insuperável limitação na garantia constitucional do mínimo existencial, que representa, no contexto de nosso ordenamento positivo, emanação direta do postulado da essencial dignidade da pessoa humana.

No que se refere aos Direitos Sociais básicos (o direito à educação, à proteção integral da criança e do adolescente, à saúde, à assistência social, à moradia, à alimentação, ao transporte e à segurança), o julgado apresenta que:

> A noção de "mínimo existencial", que resulta, por implicitude, de determinados preceitos constitucionais (CF, art. 1°, III, e art. 3°, III), compreende um complexo de prerrogativas cuja concretização revela-se capaz de garantir condições adequadas de existência digna, em ordem a assegurar, à pessoa, acesso efetivo ao direito geral de liberdade e, também, a prestações positivas originárias do Estado, viabilizadoras da plena fruição de direitos sociais básicos.

O julgado em estudo asseverou sobre a Proibição do Retrocesso Social, enfatizando que este "impede, em tema de direitos fundamentais de caráter social, que sejam desconstituídas as conquistas já alcançadas pelo cidadão ou pela formação social em que ele vive. E ainda que tal cláusula veda o retrocesso em sede de direitos a prestações positivas do Estado (v.g. o direito à educação, à saúde ou à segurança pública.), "traduz, no processo de efetivação desses direitos fundamentais individuais ou coletivos, obstáculo a que os níveis de concretização de tais prerrogativas, uma vez atingidos, venham a ser ulteriormente reduzidos ou suprimidos pelo Estado".

O Estado Brasileiro, em razão de tal princípio, tem por dever dar aos direitos humanos concretude e também "se obriga, sob pena de transgressão ao texto constitucional, a preservá-los, abstendo-se de frustrar – mediante supressão total ou parcial – os direitos sociais já concretizados".

As pessoas com maior incidência de violação de seus direitos são as pobres; de acordo com Emerique, a pobreza é negação dos direitos humanos, ela limita as liberdades públicas e priva as pessoas dos bens necessários para se viver, e considera:

> Compreender a pobreza como uma violação aos direitos humanos é fazer uma leitura diferente daquela que a entende somente como uma preocupação moral da humanidade. Não basta apenas ajudar o próximo e ter solidariedade social. É necessário tratar a erradicação da pobreza no campo normativo, ou seja, como uma obrigação do Estado e um direito do cidadão (EMERIQUE, 209, p. 63).

Assim, diante da escassez de recursos públicos, o pobre, sendo o maior vulnerável sob o ponto de vista socioeconômico, sofre com a não fruição de direitos sociais fundamentais, sendo, portanto, violados seus direitos humanos que lhes dariam condições de existência digna.

Conclusão

A academia do Direito, ao longo dos anos, sempre tratou da efetividade dos Direitos, em garantir, com seus deveres prestacionais, os diretos das pessoas.

A pobreza é uma condição, com causas multifacetadas, que representa um conjunto de violações aos Direitos Humanos, em razão do não exercício de direitos fundamentais para uma vida digna.

Na atual conjuntura brasileira, a situação de vulnerabilidade socioeconômica coloca grande parte da sociedade, em virtude das desigualdades, como vítima, devido à omissão do Estado, seja de forma direta ou indireta.

Referências bibliográficas

BOTELHO, Catarina Santos. *Os Direitos Sociais num contexto de austeridade*: um elogio fúnebre ao princípio da proibição do retrocesso social? Disponível em: <https://www.oa.pt/upl/%7B-3b5c2948-c1e2-41db-b892-0a97b602b483%7D.pdf> Acesso em: 22 agost. 2017.

COUTINHO, Diogo R. *Direito, Desigualdade e Desenvolvimento*. São Paulo: Saraiva, 2013.

COSTA, Fernanda Doz. Pobreza e direitos humanos: da mera retórica às obrigações jurídicas - um estudo crítico sobre diferentes modelos conceituais. In *Direitos Humanos,* São Paulo, v. 5, n. 9, 2008.

CORREIA, José Gladson Viana. *Sociologia dos Direitos Sociais*: escassez, justiça e legitimidade. São Paulo: Saraiva, 2014.

GROVE, Chris. Los derechos humanos y la lucha para erradicar la pobreza. In *Cuaderno Ocasional*, Montevideo, Social Watch. Septiembre, 2006.

NABAIS, José Casalta. *A face oculta dos direitos fundamentais*: os deveres e os custos dos direitos. Disponível em: <http://www.egov.ufsc.br/portal/sites/default/files/anexos/15184-15185-1-PB.pdf.> Acesso em: 15 jul. 2017.

REDE MÃOS DADAS. *Pobreza como violação dos Direitos humanos*. Disponível em: <http://www.redemaosdadas.org/pobreza-como-violacao-dos-direitos-humanos/>. Acesso em: 10 set. 2017.

SALAMA, Bruno Meyerhof. O que é pesquisa em Direito e Economia? In *Cadernos Direito GV,* São Paulo, v. 5 n. 2, 2008.

SANTOS, L. R. B. S. *Princípio da vedação do retrocesso social.* Disponível em: http://jus.com.br/artigos/22261. Acesso em: 11 fev. 2014.

SARLET, Ingo Wolfgang. Direitos Fundamentais a Prestações Sociais e Crise: Algumas Aproximações. In *Revista Veredas,* Joaçaba, v. 16, n. 2, p. 459-488, jul. dez, 2015.

SILVA, Daisy Rafaela; LEISTER, Margareth Anne. Direitos sociais fundamentais: da integralidade às supressões e flexibilizações no Brasil em crise. In *Anais III Jornada Interamericana de Direitos Fundamentais e I Seminário Nacional da Rede Brasileira de Pesquisa em Direitos Fundamentais* [Recurso eletrônico on-line]. Organização Rede Brasileira de Pesquisa em Direitos Fundamentais; Coordenadores: Carlos Luiz Strapazzon, Lucas Gonçalves da Silva, Vladimir Oliveira da Silveira – São Paulo: RBPDF, 2017. P. 152-171. Disponível em: <http://www.conpedi.org.br/publicacoes/xy6mqj74/1d93dw2j/4gD54uDDvFvq4Ssz.pdf>. Acesso em: 01 jul 2017.

TERÁN, Areli Sandoval. La importancia de la perspectiva de derechos humanos en las estrategias de desarrollo y de erradicación de la pobreza. In *El derecho a no ser pobre la pobreza como violación de los derechos humanos*, Montevideo: Social Watch, Septiembre, 2006.

A perda de uma chance: a omissão do Poder Público no dever jurídico de educar

Laércio José Loureiro dos Santos[1]

Introdução

O tema *"perda de uma chance"* tem relação direta com a qualidade dos serviços públicos, notadamente os prestados na área de educação. Como se sabe, a educação pública brasileira é decadente, ocasionando a perpetuação da pobreza, além de outros graves problemas sociais.

As cotas sociais não parecem uma solução para tal problema, mas, quando muito, uma amenização da questão. Claro que a cota é uma oportunidade, mas o ideal é que a escola pública tenha qualidade e não sejam utilizados paliativos como forma de esconder o real problema que é a utilização dos recursos públicos para finalidades distintas dos interesses públicos.

1 A perda de uma chance na jurisprudência atual

A *"perda de uma chance"*[2] é um conceito muito utilizado

---

1 Mestre em Direito das Relações Sociais pela PUC-SP; docente do Curso de Direito do Centro Universitário Salesiano de São Paulo, UNISAL.

2 Sobre a teoria da responsabilidade civil por perda de uma chance, Sergio Cavalieri Filho sustenta que: "Caracteriza-se essa perda de uma chance quando, em virtude da conduta de outrem, desaparece a probabilidade de um evento que possibilitaria um benefício futuro para a vítima, como progredir na carreira

no Direito Civil para questões que envolvem um fato, que retira uma possibilidade do alcance de determinada pessoa. Na jurisprudência, este tema está relacionado com o trabalho falho de médicos e advogados que não orientaram, corretamente, pacientes e clientes.

Assim, tanto a falta de indicação de um novo remédio no mercado quanto a perda de um prazo processual podem configurar a *"perda de uma chance"*, desde que houvesse possibilidade efetiva de ganho, tanto do ponto de vista clínico quanto jurídico.

Esse conceito *"perda de uma chance"* tem relação com um conceito econômico chamado *"custo de oportunidade",* ou seja, a escolha de uma determinada atividade que retira uma possibilidade de investimento distinto. Desse modo, o custo de oportunidade pode ser explicado, resumidamente, como o custo de uma *"renúncia"* a determinada atividade econômica.

A questão do analfabetismo funcional configura uma oportunidade renunciada à revelia do cidadão e com a falsa indicação pelo Estado de que se trata de uma pessoa alfabetizada, conferindo-se uma certificação desta suposta habilitação educacional. Além disso, existem inúmeros problemas que estariam alheios à atuação do Estado. Se não houve efetiva alfabetização, não poderia ocorrer a certificação de que se trata de pessoa *"alfabetizada"*.

A *"certificação"* indevida apenas gera a imprescritibilidade do direito do cidadão, já que o Poder Público jamais deu ciência ao cidadão de sua condição de analfabeto que, diga-se, na maioria das vezes, nunca será descoberta pelo analfabeto funcional.

A escolaridade e a relação com a remuneração são flagrantes na realidade. Existem, porém, alguns estudos que tentam quantificar

---

artística ou militar, arrumar um melhor emprego, deixar de recorrer de uma sentença desfavorável pela falha do advogado, e assim por diante. Deve-se, pois, entender por chance a probabilidade de se obter um lucro ou de se evitar uma perda". OLIVEIRA, Katiane da Silva. A teoria da perda de uma chance: Nova vertente na responsabilidade civil. In: Âmbito Jurídico, Rio Grande, XIII, n. 83, dez 2010. Disponível em: http://www.ambitojuridico.com.br/site/?n_link=revista_artigos_leitura&artigo_id=8762&revista_caderno=7. Acesso em: 12 nov. 2017.

essa relação, apesar da reconhecida dificuldade. Nesse sentido, na Universidade Católica de Brasília, ensinam Cunha e Petillo:

> A literatura a respeito da escolaridade e o desenvolvimento da nação nas últimas décadas podem ser considerados apenas modestos, havendo espaço para ampliar os estudos a respeito da relação entre escolaridade e desenvolvimento. Assim como a maioria dos estudos a respeito da relação entre escolaridade e renda no Brasil são centralizados em determinadas regiões específicas em detrimento de estudos com dados da esfera nacional que tornem a comparação mais fácil, o que deixa aberta a possibilidade de exploração de estudos neste sentido (CUNHA; PETILLO, 2017).[3]

O objetivo deste capítulo, porém, não é discorrer pormenores desta relação, mas apenas reconhecer a ilicitude da omissão estatal.

A jurisprudência sobre o tema da *"perda de uma chance"* exige a efetiva possibilidade de ganho. Assim, decidiu o TJ/SP sobre erro de advogado:

> Ementa: MANDATO - DANO MORAL **Ausência de ajuizamento da ação trabalhista no prazo prescricional** previsto no art. 7°, inciso XXIX, da Constituição Federal Negligência configurada Responsabilidade contratual do demandado Incidência da Teoria da "perda de uma chance" **Indenização devida pela perda da chance, real e séria**, da parte que deixou de atingir situação jurídica mais vantajosa, frustradas suas expectativas em decorrência do ato ilícito praticado pelo advogado A simples perda de uma chance de obtenção de um provimento judicial favorável caracteriza danos morais. Recurso provido (Apelação 0039092-89.2011.8.26.0554, Relator: Claudio Hamilton, Comarca de Santo André, 27ª Câmara de Direito Provado, data do julgamento: 26/08/2014, data de publicação: 01/09/2014 – grifos nossos).

A jurisprudência sobre erro médico é, no mesmo sentido, da decisão anterior. Assim, o mesmo Tribunal Paulista decidiu:

---

3 Disponível em: http://www.eumed.net/rev/atlante/2016/09/escolaridade.html. Acesso em: 12 nov. 2017.

> Ementa: APELAÇÃO CÍVEL Responsabilidade civil Erro médico **Demora na realização de cirurgia expressamente indicada** por médico conveniado da ré. Aplicação da teoria da perda de uma chance Nexo de causalidade evidenciado. Dever de indenizar Indenização fixada em patamar razoável, se levada em consideração a sequela permanente com que a autora terá que conviver Sentença de procedência parcial da ação mantida Recurso desprovido. (Apelação 0000574-16.2009.8.26.0161, Relator: José Carlos Ferreira Alves, Comarca de Diadema, 2ª Câmara de Direito Privado, data do julgamento 23/10/2012, data da publicação: 25/10/2012 - grifos nossos).

A questão da responsabilidade civil do Estado, porém, seria subjetiva, já que se trata de uma omissão do Poder Público no seu dever de educar. Assim, decidiu a Corte de São Paulo:

> Ementa: RESPONSABILIDADE CIVIL DO ESTADO Perda de uma chance. Queda em buraco não sinalizado na via pública Ação indenizatória contra a Municipalidade de São Paulo que deixou de ser proposta pela antiga PAJ, por inércia do Procurador do Estado **Dano decorrente da negligência estatal,** que não se confunde com os danos materiais, pessoais ou morais oriundos do acidente em si Fundamento jurídico distinto desses danos. **Perda de uma chance que se consubstancia em danos emergentes** e não lucros cessantes Condenação baseada em juízo equitativo do magistrado a quo Abatimento do valor fixado a título de indenização Apelação fazendária parcialmente provida. Reexame necessário parcialmente provido. (Apelação 9170285-29.2007.8.26.0000, Relator: Fermino Magani Filho, Comarca de São Paulo, 5ª Câmara de Direito Público, data do julgamento 31/01/2011, data da publicação: 31/01/2011 – grifos nossos).

O analfabeto funcional perdeu a chance de ter remuneração digna bem como de ter ciência da própria incapacidade. O analfabetismo funcional é prova da omissão do serviço público de prestar serviços de educação e, por isso, deve indenizar o analfabeto em razão desta omissão.

A indenização contra o Estado, no caso de omissão, deve demonstrar a culpa em uma de suas modalidades. Ocorre que o analfabetismo é consequência da falta de zelo pela qualidade do ensino por parte da administração pública, ficando evidente a negligência perpetrada.

Apesar de ainda não contar com respaldo da jurisprudência, o dever de indenizar, nesse horizonte, surgirá da mesma forma que o dever de indenizar decorrente de enchentes, cujas indenizações de outrora eram afastadas.

A jurisprudência recente sobre enchentes admite a omissão do Poder Público como geradora do dever de indenizar. Assim, decidiu o TJ/SP:

> Ementa: Responsabilidade civil do Estado – Indenização por danos materiais e morais – Município de Ribeirão Preto – Enchente, advinda de precipitação pluviométrica – Inundação da residência dos autores, em razão do transbordamento do Córrego Ribeirão Preto – **Omissão da Administração, quanto à realização de obras,** necessárias à solução do problema da região, exposta, anualmente, às enchentes – Caso fortuito ou força maior – Inocorrência – **Dever de indenizar, decorrente da falta ou falha na prestação de serviço público** – Teoria do risco administrativo – Fixação razoável do quantum indenizatório – Recurso improvido. (Apelação 9000190-34.2006.8.26.0506, Relator: Alves Bevilacqua, Comarca de Ribeirão Preto, 2ª Câmara de Direito Público, data do julgamento: 14/06/2012, data da publicação 14/06/20-12 – grifos nossos).

Assim, houve *"perda de uma chance"* por aquele que, de maneira indevida, foi informado documentalmente de que seria alfabetizado. Houve falha na prestação do serviço público nesta hipótese.

A omissão gera o dever de indenizar seja no que se refere ao dever de fazer obras contra enchentes, seja no dever de educar, efetivamente.

2 A perda de uma chance, o princípio da legalidade e o interesse público primário

A regra constitucional do artigo 205 da Constituição Federal de 1988 é vilipendiada pelo Poder Público que certifica, falsamente, a alfabetização de analfabetos funcionais. Sobre isso, vale citar a lição de Celso Antonio Bandeira de Mello:

> ... explícita a subordinação da atividade administrativa à lei e surge como decorrência natural da **indisponibilidade do interesse público,** noção esta que, conforme foi visto, informa o caráter da relação de administração (MELLO, 2014, p. 102. Grifo nosso).

Da mesma maneira, Hely Lopes Meirelles:

> A legalidade, como princípio de administração (CF, art. 37, caput), significa que o administrador público está, em toda sua atividade funcional, sujeito aos mandamentos da lei e às exigências do bem comum, e deles não se pode afastar ou desviar, sob pena de praticar ato inválido e expor-se à responsabilidade disciplinar, civil e criminal, conforme o caso. Fora da lei, portanto, não há espaço para atuação regular da Administração. Donde todos os agentes do Executivo, desde o que lhe ocupa a cúspide até o mais modesto dos servidores que detenha algum poder decisório, hão de ter perante a lei, para cumprirem corretamente seus misteres, a mesma humildade e a mesma obsequiosa reverência para com os desígnios normativos. É que todos exercem função administrativa, a dizer, função subalterna à lei, ancilar – que vem de <u>ancilla</u>, serva, escrava (MEIRELLES, 2014, p. 90).

Portanto, o princípio da legalidade resta vilipendiado pelo Poder Público com a omissão que gera inúmeros analfabetos que acreditam serem alfabetizados. Da mesma forma, o Poder Público não dá cumprimento ao interesse público primário, de aplicar a justiça social dando acesso à educação e à possibilidade de ascensão social.

Celso Antonio Bandeira de Mello, citando Renato Alessi, ensina tal diferenciação de interesse público primário e secundário:

> (...) Assim, independentemente do fato de ser, por definição, encarregado dos interesses públicos, o Estado pode ter, tanto quanto as demais pessoas, interesses que lhe são particulares, individuais, e que, tal como os interesses delas, concebidas em suas meras individualidades, se encarnam no Estado enquanto pessoa. Estes últimos **não são interesses públicos, mas interesses individuais** do Estado... (MELLO, 2014, p. 66. Grifo nosso).

Portanto, o interesse público primário é fazer justiça social e cumprir o dever de educar; o interesse público secundário é o meio instrumental para tais objetivos, tal como o interesse na arrecadação.

O analfabetismo funcional significa perpetuar o *status quo*, deixando as classes menos favorecidas nas eternas trevas da ignorância. Nesse sentido, o cidadão, que é analfabeto funcional, não ficaria *"no escuro"* do conhecimento já que a *"luz"* é o ensino que deveria ter sido dado pela instituição pública de ensino. Assim, uma analogia que soa adequada à discussão é a indenização decorrente de erro médico que retira a capacidade de visão.

É exatamente isso que ocorre com o cidadão que não teve efetivo acesso à educação. No caso propriamente dito da perda da capacidade de visão, o cidadão tem a possibilidade de comparar as duas situações: a antiga, que enxergava, e a atual, que não enxerga.

No caso da metáfora citada, sobre a *"perda prévia da capacidade de visão"*, que é a falta de alfabetização efetiva, sequer há termo de comparação para o cidadão que foi condenado pelo Estado a chafurdar nas lamas da escuridão.

Desta forma, o melhor parâmetro para o dever de indenizar por parte do Estado, em razão da *"perda de uma chance"* decorrente da falta de alfabetização efetiva (ainda que insuficiente), é a indenização resultante de erro médico que incapacitou a visão.

Nesse diapasão, já decidiu o TJ/SP:

> Ementa: RESPONSABILIDADE CIVIL DO ESTADO: PRESTAÇÃO DE SERVIÇO DE SAÚDE. **DANO MORAL POR OMISSÃO DE SOCORRO MÉDICO.** MODALIDADE SUBJETIVA. 1. Trata-se de ação condenatória ajuizada pelo

> autor em face de Fundação municipal de Caçapava (FUSAM) almejando a indenização por danos materiais e morais suportados em razão da falha no atendimento médico de que necessitou ao sofrer **lesão no olho por picada de pássaro**. 2. Falha na prestação de socorro: comprovação do nexo causal e do elemento subjetivo no tocante à prestação do atendimento médico de emergência – **descumprimento do dever constitucional de prestação no serviço médico.** 4. Não é possível afirmar com absoluto juízo de certeza que o correto atendimento seria capaz de impedir a perda da visão direita. A leniência no trato do paciente, contudo, ensejou a impossibilidade da intervenção, **subtraindo, ilicitamente, a chance de obtenção de uma vantagem ou minoração do prejuízo. Caracterização da 'perte d'une chance',** verificada nos casos em que o ato ilícito tira da vítima a oportunidade de obter uma situação futura melhor, ou de, pelo menos, vivenciar situação menos gravosa. 5.Verba indenizatória que deve ser mantida já que não se refere à indenização pelo evento cegueira, sendo devida em razão do tratamento inadequado. Exegese dos artigos 186, 187 e 927, do Código Civil. Recurso parcialmente provido. (Apelação 0004087-12.2008.8.26.0101, relator: Nogueira Diefenthaler, comarca de Caçapava, 5ª Câmara de Direito Público, data do julgamento: 29/06/2015, data da publicação: 28/07/2015 – grifos nossos).

Assim, também, cabe a indenização pelo Estado no caso de inexistência de alfabetização efetiva. O direito a *enxergar* foi retirado do cidadão com a *mímica de um dever cumprido.*

Um problema quanto a este tema é a tendência *fazendária* da jurisprudência que envolve o Poder Público como uma das partes. O interesse público é confundido, *data venia*, pelas teses fazendárias e por parcela da jurisprudência com o interesse pecuniário.

Como dito anteriormente, o interesse público primário, ensinado por Renato Alessi (MELLO, 2014), é muito diferente do interesse público secundário (este sim, o interesse pecuniário).

A sanha arrecadatória e a compulsão pela contenção de gastos em setores essenciais são as manifestações da mais tacanha visão de Estado. Como é óbvio e ululante, o Estado não tem a finalidade de garantir privilégios aos membros de sua aristocracia, mas promover a Justiça Social. A maneira mais efetiva de promover a isonomia de acesso à ascensão social é a existência de uma educação pública efetiva.

3 Parâmetros para fixação da indenização

Assim, mesmo com a resistência da jurisprudência fazendária, o valor, segundo o nosso entendimento, pode ser quantificado de duas formas: como lucro cessante ou como dano moral. O lucro cessante dá margem à discussão contábil, já que deveria aferir o valor que seria recebido na hipótese de ter conseguido atingir o nível universitário.

Considerando-se que o artigo 208 da Constituição Federal estabelece a obrigatoriedade do ensino até os 17 anos; poderia ser argumentado que apenas até esta etapa seria devida a indenização por lucros cessantes.

De qualquer forma, a inexistência de alfabetização efetiva impediu a possibilidade de que o cidadão pudesse almejar a universidade. O padrão médio de vencimentos de pessoas com nível superior poderia ser o parâmetro utilizado.

No atual estágio da jurisprudência, porém, parece-nos mais factível a fixação da indenização por arbitramento como dano moral. Esta opção se dá pelo fato de que a indenização pelos lucros cessantes teria inúmeras variáveis contábeis, além de sofrer maior resistência por parte da jurisprudência atual. O valor a ser arbitrado como dano moral deve servir de inibidor para novas ofensas por aquele que pratica o ilícito. Essa é a grande finalidade da fixação da indenização. No caso citado, em que o Município de Caçapava[4] foi condenado a indenizar em razão da cegueira, foi fixado o valor de R$ 30.000,00 (trinta mil reais).

4 Apelação 0004087-12.2008.8.26.0101, relator: Nogueira Diefenthaler, comarca de Caçapava, 5ª Câmara de Direito Público, data do julgamento: 29/06/2015, data da publicação: 28/07/2015.

Conforme sustentado, o analfabetismo funcional é uma espécie *de dupla cegueira* na medida em que a vítima deste *estelionato estatal* sequer tem termos de comparação com uma situação anterior. Desta forma, utilizando esta analogia, nossa proposta é que a indenização por danos morais decorrente da omissão estatal no dever de alfabetizar seja fixada no dobro do precedente jurisprudencial citado, ou seja, R$ 60.000,00 (sessenta mil reais). Assim, indenizando, o Poder Público terá interesse em cumprir seu dever constitucional.

Conclusão

O Poder Público pratica ato ilícito pela omissão no efetivo dever jurídico de educar quando permite a existência de analfabetos funcionais. Conferir ao cidadão um documento de que seria alfabetizado configura verdadeiro "estelionato estatal" quando o cidadão é analfabeto de fato. A indenização, nesta hipótese, deve ser no patamar de R$ 60.000,00 (sessenta mil reais), utilizando-se o parâmetro da indenização pela perda da visão no caso de erro médico.

Referências bibliográficas

BANDEIRA DE MELLO, Celso Antonio. *Curso de Direito Administrativo*. São Paulo: Editora Malheiros, 2014.

______. *Discricionariedade e Controle Jurisdicional*. 2ª edição. São Paulo: Malheiros, 1993.

CUNHA, George Henrique de Moura e PETILLO, Claudio Rafael Chad, Universidade Católica de Brasília. Disponível em: <http://www.eumed.net/rev/atlante/2016/09/escolaridade.html>. Acesso em: 01 set. 2017.

MEIRELLES, Hely Lopes. *Direito Administrativo Brasileiro*. São Paulo: Editora Malheiros, 2014.

OLIVEIRA, Katiane da Silva. A teoria da perda de uma chance: Nova vertente na responsabilidade civil. In: Âmbito Jurídico, Rio Grande, XIII, n. 83, dez 2010. Disponível em:<http://www.ambito-juridico.com.br/site/?n_link=revista_artigos_leitura&artigo_id=8762&revista_caderno=7>. Acesso em: dez 2017.

PLATÃO. *A República*. São Paulo: Editora Martin Claret, 2000.

14

Refugiados e a crise humanitária no século XXI

Nasser Mahmoud Hasan[1]

Introdução

Em decorrência do fundamentalismo islâmico em diversos países do Oriente Médio, a crise migratória dos últimos anos gera preocupação em razão do medo e do terror que se espalham em várias partes do mundo, alterando o cotidiano das pessoas.

Com o intuito de encontrar um lugar que os acolham, milhões de pessoas se deslocam pelo mundo, fugindo das perseguições, violências e mortes.

Cidades são destruídas, milhares de vidas aniquiladas e, em consequência, os sobreviventes fogem em busca de refúgio. No entanto, até chegarem às fronteiras dos países em guerra, muitas pessoas perderam suas vidas, outras ficaram instaladas em campos de refugiados em países vizinhos e outras, que foram buscar a sorte em países mais distantes, tiveram de atravessar oceanos para chegar em terra firme e supostamente segura. Durante a travessia no mar, milhares de refugiados morrem, principalmente, crianças, mulheres e idosos.[2]

---

1 Doutor em Engenharia Elétrica pela Universidade de São Paulo; Professor e Membro do Núcleo de Educação em Direitos Humanos do Centro Universitário Salesiano de São Paulo, UNISAL.

2 Essas travessias são pagas a aproveitadores que exploram financeiramente os

Aqueles que conseguem chegar em terra firme em outros países se deparam com um novo problema, a recepção e aceitação em países europeus ou do Oriente Médio; uma parcela de refugiados que solicita entrada em países da América Latina, Ásia, Oceania e África também enfrenta obstáculos.

Os refugiados nem sempre são bem acolhidos e recepcionados nos países desenvolvidos, alguns nem se propõem a recebê-los e, para dificultar, constroem barreiras físicas (muros altos com arames farpados) ou barreiras burocráticas (leis migratórias que os impeçam de entrar no país desejado) para que não se instalem nos seus territórios. Desta forma, muitos líderes são pressionados pela população de seus países para que não recebam esses refugiados com receio de que tragam com eles terroristas, aumentando a insegurança; de que as desigualdades sociais e o desemprego aumentem ou que novas doenças surjam onde se instalarem. Além disso, há um receio muito grande com relação à prática de diversos tipos de crimes. Ante a este cenário, instala-se no mundo uma crise humanitária.

A ONU e diversos países têm buscado formas para ajudar os milhões de refugiados espalhados pelo mundo. Essa nova diáspora, principalmente de pessoas do Oriente Médio e África, tem transformado a maneira como as pessoas pensam, agem e se desenvolvem.

Neste capítulo serão apresentadas as principais causas que ocasionaram essa crise migratória e uma reflexão sobre o que o mundo tem feito a respeito, os danos materiais causados a milhões de pessoas, além das marcas físicas e psicológicas nelas registradas, sem esquecer daqueles que não puderam contar suas próprias histórias, pois tiveram suas vidas perdidas.

1 O maior atentado do século XXI: 11 de setembro de 2001

Após os ataques terroristas contra Nova York e Washington, nos Estados Unidos, em 11 de setembro de 2001, o mundo nunca

refugiados, deixando-os à deriva da pobreza extrema e entre a vida e a morte.

mais foi o mesmo. A queda das torres gêmeas do World Trade Center dá início a um período de terror, e, por consequência, a luta contra o terrorismo. Chomsky (2017), no seu livro *Quem manda no mundo?*, menciona que a Guerra Global contra o Terror foi originalmente declarada pelo governo Ronald Reagan logo ao chegar à Casa Branca.

O impacto representado pelo atentado terrorista pode ser percebido em três campos:

> A economia, a descoberta de que o mundo muçulmano é muito mais complexo do que se imaginava e, por fim, a atual postura dos americanos em relação a países que consideravam adversários. Mais chocante foi a descoberta de um dos limites da globalização, até então, despercebido. Nesse período, percebeu-se também a existência da Al-Qaeda, a organização fundamentalista responsável pelos ataques de 11 de setembro (VEJA, 2002, p. 32).

O presidente dos Estados Unidos, George Walker Bush, logo após o atentado de 11 de setembro de 2001, decretou guerra contra o Terrorismo. Primeiramente invade o Afeganistão e, na sequência, o Iraque, porém até hoje ocorrem intervenções militares em diversos outros países na região, bem como ameaças regulares de ataques ao Irã pronunciadas pelo atual presidente, Donald Trump.

2 Primavera Árabe

As ondas de protestos, revoltas e revoluções democráticas no mundo árabe foram uma demonstração de coragem, dedicação e engajamento, despertando a esperança de milhões de pessoas. Forças antagônicas da autocracia e do jihad seriam irrelevantes frente ao movimento de reformas no Oriente Médio. Esse levante, ocorrido em 20 de outubro de 2011, foi denominado de Primavera Árabe.

Os primeiros países ditatoriais a serem derrubados, pela força das manifestações, foram a Tunísia e o Egito. Na praça Tahir, no Cairo, capital do Egito, aproximadamente 1 milhão de pessoas foram solicitar que o presidente da época, o ditador egípcio Osnir

Mubarak, saísse do poder. Nesse protesto, cerca de mil pessoas foram mortas. Os manifestantes reivindicavam liberdade de expressão, eleições livres e justas, governo representativo e democracia de verdade. O movimento se espalhou pelo Oriente Médio e muitos outros ditadores caíram, como Muamar Kadafi.

A Primavera Árabe, de forma sucinta, fez as pessoas lutarem pela democracia liberal, no entanto, foi interrompida ou esmagada. A motivação de antes transformou-se em paralisia. As forças políticas existentes, enraizadas nos compadrios, nas corrupções, no uso militar e na religião, provaram ser mais fortes e mais bem organizadas do que os elementos da classe média que se manifestavam pelos princípios democráticos pretendidos na praça Tahir (KISSINGER, 2015).

O lema repetido na Primavera Árabe: "o povo quer a queda do regime" deixou em aberto a questão de como a população deveria ser definida e quem iria tomar o lugar das autoridades derrubadas. O que originou a Primavera Árabe, a busca pela abertura da vida política e econômica acabaram sendo atropeladas pela violenta disputa entre o autoritarismo apoiado pelos militares e a ideologia islâmica. Por essa lacuna de poder, grupos fundamentalistas ainda mais radicais lutaram parar institucionalizar suas autoridades em vários países do Oriente Médio depois desse levante (KISSINGER, 2015).

O Estado Islâmico (EI) é apenas uma das organizações armadas que surgiu para suprir essa lacuna de poder e tanto ele quanto as outras organizações estão gerando irreparáveis destruições no Oriente Médio.

3 A Revolução Síria

A Revolução Síria em seus primeiros momentos pareceu ser uma réplica da ocorrida no Egito, como supracitado.

Os reflexos dos acontecimentos mobilizaram as pessoas na Síria com manifestações para que o presidente Bashar al Assad renunciasse. A necessidade de reformas, a implantação da democracia e a luta pela liberdade de expressão foram inéditas no país.

A juventude fez ecoar as seguintes palavras: "Deus, liberdade, a Síria e mais nada". O presidente sírio libertou 300 mil curdos que estavam presos e iniciou um diálogo para verificar o que a oposição queria. Eles sugeriram a escrita de uma nova Constituição, a abertura para a instauração de novos partidos e o fim do regime Assad (JASSOUMA, 2017).

Enquanto a turbulência no Egito uniu as forças até então subjugadas na Síria, tensões ancestrais irromperam para despertar o conflito milenar entre xiitas e sunitas. Algumas mortes de opositores ocorreram no sul da Síria para combater as forças do governo Assad. Desta forma, uma guerra civil iniciou-se e, em razão da complexidade demográfica, a guerra trouxe para esse processo outros grupos étnicos e religiosos. E nenhum desses grupos, com base em suas experiências históricas, estava preparado para confiar seu destino às decisões dos outros. Forças militares, Al-Qaeda, Estado Islâmico e Ahrar al-Sham, um grupo salafista, começaram a espalhar o terror pela Síria, com o objetivo de conquistar outros territórios (JASSOUMA, 2017).

As disputas não eram entre o presidente Bashar al Assad (ditador) e a força da democracia, mas sim entre as seitas sírias. A guerra, segundo essa visão, decidiria qual, entre os principais grupos religiosos da Síria, conseguiria o poder e controlar o que restava do Estado Sírio. Assim, potências regionais colocaram armas, dinheiro e apoio logístico dentro da Síria, buscando beneficiar seus candidatos preferidos entre as diferentes seitas; a Arábia Saudita e o Estado do Golfo, dando apoio aos grupos sunitas: o Irã, Assad, via o Hezbollah. À medida que o combate se aproximava de um impasse, passaram a prevalecer grupos e táticas cada vez mais radicais, travando uma guerra de uma brutalidade absoluta, na qual todos os lados exibiam descaso com os direitos humanos (KISSINGER, 2015).

Os curdos sírios criaram uma unidade autônoma ao longo da fronteira com a Turquia que, no futuro, poderá vir a se fundir com a unidade autônoma curda do Iraque. As comunidades drusa e cristã, temendo uma repetição da atitude da Irmandade Muçulmana no

Egito em relação às minorias, têm relutado em aderir ao esforço para mudar o regime na Síria ou se separarem para formar unidades autônomas. O grupo jihadista do Estado Islâmico se propõe a construir um califado em território conquistado na Síria e no oeste do Iraque, áreas que Damasco e Bagdá já não se mostram capazes de manter sob seu poder (KISSINGER, 2015).

A Rússia, um aliado formal da Síria, estava interessada na continuidade do regime do Assad e, em alguma medida, na sobrevivência da Síria enquanto um Estado unitário. Na falta de um consenso internacional e com a oposição síria fragmentada, o que havia nascido como um levante em prol dos valores democráticos degenerou-se e tornou-se um dos maiores desastres humanitários do século XXI e numa ordem regional em vias de uma implosão.

Os Estados Unidos enviaram tropas para conter a destruição em massa em várias regiões da Síria e do Iraque, mas as guerras continuam até a data de escrita deste capítulo.

A guerra na Síria se prolonga por mais de seis anos, ultrapassando o número de 400 mil mortos e mais de 5 milhões de refugiados espalhados pelo mundo (G1, 2017). No Iraque, mais de 920 mil iraquianos deixaram suas casas e milhares de pessoas morreram durante a guerra contra o Estado Islâmico em Mossul (Iraque) (ESPINOSA, 2017).

É notório que muitos países sofreram e sofrem até hoje com as guerras produzidas pelo Estado Islâmico, mas nenhum país sofreu tanto neste século como a Síria, gerando milhões de refugiados.

4 Migração: os refugiados lutam por suas vidas

Os acontecimentos descritos anteriormente ampliaram o contingente de refugiados em busca de asilo, resultando num volume maior de migrantes que tentam ultrapassar as fronteiras dos países europeus. Isto é consequência do número crescente de territórios sem Estado, portanto, sem leis.

O saudoso sociólogo, Bauman (2017), em sua obra "*Estranhos à nossa porta*", tratou do tema, conforme segue:

> Palcos de intermináveis guerras tribais e sectárias, assassinatos em massa e de um banditismo permanente do tipo salve-se quem puder. Em grande medida, trata-se de um dado colateral produzido pelas expedições militares ao Afeganistão e ao Iraque, fatalmente mal avaliadas, malconduzidas e calamitosas. Elas terminaram com a substituição dos regimes ditatoriais pelo teatro sempre aberto da desordem e num frenesi de violência – ajudado e instigado pelo comércio global de armas, livre controle e alimentado por uma indústria armamentista ávida por lucros, e com o apoio tácito (embora, com muita frequência, orgulhosamente exibido em público nas feiras internacionais de armas) de governos ansiosos por aumentar seu PIB (BAUMAN, 2017, p. 11).

No intuito de fugir do extermínio, a legião de refugiados foi obrigada a abandonar propriedades e lugares considerados sagrados para buscar novas oportunidades com perspectivas socioeconômicas, além de uma vida digna, denominando, assim, uma migração sucessiva (BAUMAN, 2017, p. 12).

5 Origem da Crise Humanitária

O totalitarismo e o fanatismo religioso vindo dos países muçulmanos têm sido a razão do surgimento de guerras neste século. Não podemos deixar de registrar que se trata de uma pequena parte da população que produz guerra no Oriente Médio. Após o surgimento do Estado Islâmico, alguns países como Síria, Irã, Iraque, Líbia, entre outros, estão sofrendo muito pela destruição produzida por eles. Os sírios são os mais afetados, cerca de 5 milhões fugiram em busca de sobrevivência e refúgio e mais de 400 mil morreram (G1, 2017).

No entanto, sabe-se que os refugiados não têm ciência do que encontrarão em sua jornada. Notícias veiculadas em diversas mídias apresentam violências, brigas por alimentos e água, mulheres e crianças são violentadas, vidas são dilaceradas. Diante de tanto sofrimento, ainda há pessoas que se aproveitam da situação e oferecem possibilidades para que os refugiados se direcionem a lugares seguros, no entanto, são enganados financeiramente, roubados, quando não, mortos. Além disso, nas travessias marítimas, adultos e crianças morrem, embora muitos ainda cheguem em terra firme, com vida.

Infelizmente, milhares de refugiados ficam instalados em acampamentos precários denominados de "Selva". Pela ignorância cultural de muitos países em relação ao Oriente Médio, os refugiados são, na maioria das vezes, vistos como ameaça às pessoas de vários países. Em razão de o Estado Islâmico propagar informações de ódio e destruição, muitos jovens se iludem e iniciam ataques nos mais variados pontos do mundo, obscurecendo a imagem dos refugiados, que, sem comida, sem alojamento e dilacerados psicologicamente, são rotulados como terroristas.

Diversos países do mundo têm se empenhado em conter essa gravíssima crise humanitária, porém, percebe-se que muitos líderes mundiais não apoiam e atrapalham as negociações.

Nas últimas décadas, um número significativo de refugiados surgiu devido às guerras causadas por divergências religiosas, pelo autoritarismo e totalitarismo, pela desigualdade social e pelos extermínios de etnias. As guerras na Síria, no Iraque, no Congo, Sudão e outros países muçulmanos são consequências de um maior número de refugiados deste século. A intolerância religiosa se infiltra em diversos lugares do mundo.

O medo se instalou pelo mundo afora e diversos atentados terroristas ocorreram em várias partes do mundo. Aproximadamente 40% dos europeus referem-se à imigração como a maior preocupação para a União Europeia. No entanto, do ponto de vista econômico, a União Europeia (UE) previa que 3 milhões de refugiados e migrantes alcançariam seu território em 2017. Isto foi visto como positivo, estimulando a economia (BAUMAN, 2017).

Hobsbawm, um dos grandes historiadores do século XX, afirmou:

> Movimentos de identidade étnica parecem construir reações à fraqueza e ao medo, tentativas de erguer barricadas para manter a distância as forças do mundo moderno... O que alimenta essas reações defensivas, seja contra ameaças

> reais ou imaginárias, é a combinação de movimentos populacionais internacionais com inéditas transformações socioeconômicas ainda tão característica de nossos tempos: Onde quer que se viva numa sociedade urbanizada, encontram-se estranhos: homens e mulheres desarraigados que nos relembram a fragilidade ou a deterioração de nossas próprias raízes familiares (*apud* BAUMAN, 2017, p. 64).

A solução ideal para os refugiados que chegam a um novo país é que o anfitrião lhes forneça emprego, acomodação, equipamento educacional e assistência médica.

6 Migrantes e o Precariado: A nova "classe perigosa"

De acordo com Standing, precariado tem por significado,

> Um grupo socioeconômico distinto, de modo que, por definição, uma pessoa faz parte dele ou não. Isso é útil em termos de imagens e análises e nos permite usar o que Max Weber chamou de 'tipo ideal'. Nesse espírito, o precariado poderia ser descrito como um neologismo que combina o adjetivo 'precário' e o substantivo relacionado "proletariado" (2017, p. 23).

Standing (2017) afirma que os migrantes compõem uma grande parte do precariado mundial. Eles são uma das razões de seu aumento e podem se tornar suas principais vítimas, rotulados e considerados bode expiatório dos problemas não criados por eles. O grande número de refugiados e de pedidos de asilo, atualmente, superam qualquer acontecimento anterior.

De acordo com a Agência de Refugiados das Nações Unidas, em 2009, havia mais de 15 milhões de refugiados, a maioria na Ásia e na África, com mais 1 milhão de pedidos de asilo aguardando decisão. Cerca de 27 milhões de pessoas foram deslocadas de seus países como resultado de conflitos (Centro de Monitoramento de Deslocados Internos, 2010). Globalmente, uma tragédia tem sido anunciada. Milhões de pessoas estão passando anos em hotéis esquálidos, centros de detenção, acampamentos ou terrenos baldios, perdendo com isso sua dignidade (STANDING, 2017).

Conforme um relatório do *Ombudsman*, do Serviço Parlamentar e de Saúde (2010), Agência de Fronteiras do Reino Unido (UKBA), existe um acúmulo de 250 mil pedidos de asilo (STANDING, 2017). Alguns casos permanecem sem solução por anos a fio; um somali, que teve uma autorização de permanência indefinida concedida em 2000, só recebeu seus documentos em 2008. Tais pessoas vivem em economias subterrâneas, com suas vidas em suspenso. Enquanto definham nessa posição de "habitante", recebem míseras 42 libras por semana e não têm permissão para assumir empregos, depois das ações do governo trabalhista para restringir ajuda aos requerentes de asilo. Trata-se de uma receita para o precariado da economia subterrânea (STANDING, 2017).

Conclusão

O mundo está se transformando rapidamente por conta da evolução tecnológica, da desigualdade social, do aumento da população mundial, da escassez dos recursos naturais, do crescimento da direita no campo da política, das guerras e do crescimento do mercado de drogas. É urgente a adoção de medidas eficazes por parte dos países, assim como da ONU; também, o empenho das sociedades civis para que se garanta um futuro de paz e prosperidade para toda a humanidade, com medidas em prol dos refugiados.

Muitos países têm leis de proteção aos Refugiados; no Brasil, a proteção está contemplada na Constituição Federal de 1988 e na Lei nº 9.474 de 1997. A Constituição Brasileira é clara no que se refere à inserção do Brasil no Sistema Internacional de Proteção dos Direitos Humanos, abrangendo a proteção dos Refugiados, que é referida logo nos Princípios das Relações Internacionais brasileiras, no Artigo 4º, onde se insere o Asilo (X) e a prevalência dos Direitos Humanos.

O Brasil[3], nos últimos anos, tem recebido muitos sírios, angolanos, sudaneses, líbios, congolenses, iraquianos, venezuelanos, bolivianos, palestinos, haitianos, entre outros povos que necessitam de um lugar para viver com dignidade, longe dos territórios e Estados sem leis.

Referências bibliográficas

ARENDT, Hannah. *A condição humana.* 11. ed. Rio de Janeiro: Forense Universitária, 2010.

BAUMAN, Zygmunt. *Estranhos à nossa porta.* Rio de Janeiro: Zahar, 2017.

CHOMSKY, Noam. *Quem manda no mundo?* São Paulo: Planeta, 2017.

ESPINOSA, Ángeles. *Iraque enfrenta desafio da reconciliação após a reconquista de Mossul.* El País, 10 de julho de 2017. Disponível em: <https://brasil.elpais.com/brasil/2017/07/10/internacional/1499697947_173420.htm>. Acesso em: 06 ago. 2017.

G1. *Em seis anos de conflito, número de refugiados sírios supera a barreira de 5 milhões.* 30/03/2017. Disponível em: <http://g1.globo.com/mundo/noticia/numero-de-refugiados-sirios-supera-a-barreira-de-5-milhoes.ghtml>. Acesso em: 06 ago. 2017.

INDRIUNAS, Luis; PORTO, Biratan. *Migração*: Gente em Movimento. São Paulo: Editora Salesiana, 2011.

JASSOUMA, Joude. *Eu venho de Alepo*: itinerário de um refugiado. São Paulo: Vestígio, 2017.

KISSINGER, Henry. *Ordem Mundial.* Rio de Janeiro: Objetiva, 2015.

3 No Brasil, nos últimos dois anos, houve um considerável aumento de 2.868% nos pedidos de refúgio. O número absoluto, no entanto, é baixíssimo; há no país apenas 8.863 refugiados de 79 nacionalidades, sendo as cinco maiores nacionalidades representadas por sírios (2.298), angolanos (1.420), colombianos (1.100), congoleses (968) e palestinos (376); de acordo com os dados do Comitê Nacional para os Refugiados (CONARE) do Ministério da Justiça e Segurança Pública, referentes a abril de 2016. Disponível em: https://br.boell.org/pt-br/2017/04/17/nova-lei-de-migracao-no-brasil-e-os-direitos-humanos. Acesso em: 15 jun. 2017.

VEJA. *11 de Setembro*: O mundo nunca mais foi o mesmo. Revista Veja, ano 35, n. 36, p. 30-57, 11 de setembro de 2002.

RUIC, Gabriela. *Os números do islamismo, a religião que mais cresce no mundo.* Revista Exame. Disponível em: <http://exame.abril.com.br/mundo/os-numeros-do-islamismo-a-religiao-que-mais-cresce-no-mundo/>. Acesso em: 06 ago. 2017.

SAID, Edward. *Fora do Lugar*: Memórias. São Paulo: Companhia das Letras, 2004.

STANDING, Guy. *O precariado*: a nova classe perigosa. Belo Horizonte: Autêntica, 2015.

STIFITUNG, Heinrich Boll. *A nova Lei de Migração no Brasil e os direitos humanos*. Disponível em: https://br.boell.org/pt-br/2017/04/17/nova-lei-de-migracao-no-brasil-e-os-direitos-humanos. Acesso em: 03 dez. 2017.

TROTA, Daniel. *Cost of War at Least $3,7 Trillion and Couting.* Reuters. Estados Unidos, 29 de junho de 2011. Disponível em: <http://www.reuters.com/article/us-usa-war-idUSTRE75S25320110629>. Acesso em: 06 ago. 2017.

15

Quando a dignidade e os direitos humanos escapam: razões para uma educação consequente

Antonio Wardison C. Silva[1]
Cézar Teixeira[2]

Introdução

O título do presente capítulo quer conter uma afirmação: a dignidade e os direitos humanos escapam! Tal afirmação sugere, no mínimo, uma atenção mais crítica, sem se reter no vazio das indagações: o que eu tenho a ver com isso? Não sou cidadão e não pago os meus impostos? Já não existem organismos nacionais e internacionais em defesa dos direitos humanos? Onde está esse tal de "direitos humanos" diante de tanta corrupção?

A correlação entre dignidade e direitos humanos quer iniciar a discussão sem criar trincheiras de defesa ou ataque, mas destacar o foco de uma grandeza que vai além de qualquer direito estabelecido: a dignidade do ser humano. Tal discussão, como se presume,

1 Doutorando em filosofia pela Pontifícia Universidade Católica de São Paulo; Pró-Reitor de Extensão, Ação Comunitária e Pastoral do Centro Universitário Salesiano de São Paulo; Professor em Cursos de Pós-Graduação e Presidente dos Núcleos de Educação Ambiental, Étnico-Racial e em Direitos Humanos do UNISAL.

2 Doutor em Teologia Bíblica pela Pontifícia Universidade Santo Tomás de Aquino, Roma; Professor do Instituto Teológico de Aracajú – SE.

deve estar situada no tempo, espaço e circunstâncias, desconsiderando, com isso, perspectivas unicamente idealistas ou essencialistas, atemporais.

Nesse horizonte, a reflexão sobre a dignidade e os direitos humanos percorrerá três caminhos: o primeiro, sob a ótica dos vínculos histórico e social; o segundo, do escapamento na busca de proteção; o terceiro, da inter-relação finita do homem e o infinito da religião. Reinventar os postulados é sempre revigorar a esperança de novas lutas por direitos humanos ainda excluídos dos pensamentos, das pautas e dos poderes hegemônicos.

1 Quando a dignidade e os direitos humanos escapam: legado histórico-social

Descartar qualquer direito humano é, sem dúvida, deixar escapar o princípio conhecido como dignidade humana. Se esse é o supremo valor que qualifica o ser humano como humano, certamente qualquer outro valor se deteriora por consequência, uma vez que os direitos humanos são instrumentos indispensáveis para a proteção da dignidade humana.

É estarrecedor indagar sobre a possibilidade de o Estado ou qualquer outra instituição deixar escapar algum direito humano que fere a própria dignidade humana. Seja qual for o jogo das intencionalidades, é necessário emergir uma educação para os direitos humanos num constante vir a ser, pois os direitos humanos não devem se fechar na ótica de uma concepção hegemônica concebida, como uma vitória das civilizações; muito menos nas bem elaboradas afirmações ou filosofias, por mais modernas que sejam, (MAUÉS, 2010)[3]. Essa

3 "Os direitos humanos constituem uma expressão moderna, mas, convém ressaltar, sua cultura possui raízes distantes, para além da modernidade. Ainda que consideremos o marco das declarações de direito da época moderna e contemporânea, devemos sempre lembrar que os direitos humanos constituem uma conquista da civilização. Essa memória nos indica que o sentido dos direitos humanos requer a compreensão ampla da realidade sócio-histórica, inserida na tradição do pensamento humano" (MAUÉS, 2010, p. 103).

peculiaridade faz a diferença para que cada geração mergulhe no conhecimento dos direitos humanos.

A noção de direito insere-se na história como um instrumento de proteção, calcada na ideia de cidadania. Tanto os romanos quanto os gregos fazem dessa ideia uma garantia objetiva, construindo instituições civis edificantes. A ideia de cidadania, por sua vez, vinha carregada da perspectiva religiosa de mundo, consolidada, impreterivelmente, com o advento do cristianismo dominante. Dessa forma, o poder e o direito legitimavam-se pela mediação teológica. Se essa perspectiva, por um lado, sustentava a soberania do poder político vinculado à esfera divina, por outro, distanciava a responsabilidade humana e as instituições da prática da justiça e do direito (MAUÉS, 2010).

O Estado moderno, contudo, vai reorganizar essas ideias para a recuperação do *status* do poder político, rompendo com a visão dogmática de mundo. Para isso, torna-se imprescindível a redescoberta da filosofia e das ciências, para moldar a nova ideia de soberania ancorada não mais no legado religioso, mas na razão humana: o homem reaproxima-se de suas responsabilidades para com a justiça e o direito (sem recorrer a uma esfera fora de seu mundo real), declinadas pelas *instituições feudais e eclesiásticas* (MAUÉS, 2010). As sociedades contemporâneas se enveredarão por esta perspectiva.

Como é sabido, o presente e o passado não são uma constante linear, mas contingentes, ou seja, incluem lutas, competições, derrotas e vitórias; relacionam-se intrinsecamente fazendo memória e contribuindo para as transformações, em várias perspectivas. A memória provoca a emersão da utopia que, no tocante aos direitos humanos, é um fator preponderante para recriar novas forças frente à inércia e à falta de criatividade dos agentes sociais (SANTOS, 2013).

Ora, cada modo de produção de uma sociedade, no presente e no passado, traz as marcas das contradições que geram injustiças, sofrimentos e morte. Nesse sentido, o modo de produção tributário escravagista da sociedade romana antiga era tão perverso quanto o modo de produção capitalista nas sociedades de hoje, onde a dignidade e os direitos humanos sucumbem (FALERO, 2012).

Esse sucumbir, entretanto, para além das ilusões frustradas, não significa um "beco sem saída". Eis aqui a importância da memória, que funciona como *uma matriz de significados, não como um mero depósito de fatos* (FALERO, 2012). Assim como vimos as lutas e a queda do gigante império romano, assistimos também, na América Latina, à queda das ditaduras.

Nesse enredo, entre avanços e recuos, os movimentos dos direitos humanos tiveram um papel fundamental: no âmbito da sua concepção e desenvolvimento, serviram-se da memória histórica e social para criar consciência (FALERO, 2012). Portanto, como presumimos, quando a sociedade e suas organizações deixam escapar a luta pelos direitos humanos, buscam-se novos caminhos, seja no âmbito de sistemas cognitivos, da consciência crítica-propositiva, seja, até mesmo, do surgimento de projetos sociais, em prol de uma nova perspectiva de direitos humanos. Não se trata apenas de um sonho bom ou de um ideal espiritualista, mas de um realismo que permite compreender e combater a alienação e a inércia das sociedades, nas esferas econômica, social, política e ideológica.

2 Tudo escapa quando se promove a violação da dignidade e dos direitos humanos

Quando se classifica a dignidade humana como supremo valor, diz-se que a dignidade é essencialmente um atributo da pessoa humana pelo simples fato de alguém ser humano, tornando-se, automaticamente, digno de liberdade, de igualdade e de merecer o respeito e proteção, não importando sua origem, raça, sexo, idade, estado civil ou condição socioeconômica. O ser humano, nesse sentido, diferencia-se dos demais seres vivos, de máquinas e de objetos inanimados; é *homo sapiens*, ser dotado de razão, capaz de evoluir com seu sistema cognitivo, no conhecimento de diversas totalidades intrínsecas e extrínsecas a si mesmo.

O ser humano tem dignidade porque não se pode atribuir a ele preço, não pode ser trocado ou substituído por algo relativo, e isso faz eco nas palavras de Kant, que afirma: *o homem como ser racional, existe como fim em si mesmo*. Logo, ele não é uma coisa, mas pessoa, dotada de razão. Sua dignidade o eleva à suprema garantia de todos os direitos. Nesse sentido, nenhuma lei de uso social pode prevalecer sobre uma pessoa, pois a lei foi criada pelos humanos para servi-los e não o contrário (MINAGÉ, 2015).

Numa perspectiva, a dignidade humana pode ser compreendida em três aspectos fundamentais: a liberdade, a igualdade e a fraternidade. Esses elementos se apresentam como uma exigência da própria dignidade que o humano atinge quando procede por livre adesão, "movido e levado por convicção pessoal e não por força de um impulso interno cego ou debaixo de mera coação externa" (*Gaudium et Spes*, n. 17). Assim, a pessoa humana atinge a dignidade quando se liberta das escravidões. A igualdade é outro aspecto essencial da dignidade, quando reconhecida diante das diferenças física, intelectual e moral. É lamentável a existência de formas sociais ou culturais que discriminam e violam os direitos fundamentais da pessoa humana, por quaisquer razões que sejam. Faz-se necessário que as instituições se adaptem progressivamente às realidades humanas, que cada vez mais se tornam sensíveis e mais elevadas. Do mesmo modo, a fraternidade concede ao ser humano o direito de ele viver dignamente unido ou outro, em sociedade, sem segregação e exclusão de qualquer natureza.[4]

O que dizer ainda diante dessa grandeza humana que é sua dignidade? Pode ela ainda escapar, sendo intrínseca e extrinsecamente inerente à sua própria natureza? Como pode o ser humano, um ser de razão, descartar aquilo que ele próprio necessita para reafirmar sua natureza humana? Se o ser humano é *homo sapiens*,

4 "Como Deus não criou os homens para viverem isoladamente, mas para formarem uma união social, assim também Lhe 'aprouve... santificar e salvar os homens não individualmente, excluindo qualquer conexão mútua, mas constituí-los em um povo, que O reconhecesse na verdade e O servisse santamente'" (*Gaudium et Spes*, n. 32).

como já afirmamos, está aberto para o conhecimento de diversas totalidades intrínsecas e extrínsecas a si mesmo. Esse sistema cognitivo é aberto e dinâmico. Ora, caso a dignidade e os direitos humanos não estejam insertos nessa dinamicidade, escapam-se aos novos conhecimentos infinitos, à própria compreensão de humano, que é inesgotável.

No entanto, alguns fatores contribuem para acomodar ou impedir o avanço do conhecimento de totalidades infinitas, sobretudo nas áreas que dizem respeito à dignidade e aos direitos humanos. Esses impedimentos acontecem quando a cultura e a sociedade estimulam aquilo que interessa para a conservação da ordem estável de seus sistemas econômico, político, social e ideológico.

Também, o preconceito, a indiferença, o tabu em torno do sexo e a religião podem funcionar como muralhas que impedem o ser humano avançar em infinitas áreas de conhecimento, negando-lhe o direito de ser e agir, com liberdade e naturalidade; a dignidade da pessoa é pouco estimulada para uma maior grandeza. Nesse horizonte, a dignidade humana escapa quando não se garante o direito de o ser humano avançar no conhecimento de si, rompendo barreiras e limitações sobre a compreensão de si mesmo (FIGUEIREDO, 2012).

A dignidade e os direitos humanos escapam, ainda, quando ideologias e grupos extremistas impedem a sociedade de pensar sua própria evolução e, com isso, a própria pessoa humana, inserindo-as no absurdo da *razão indolente, incapaz de pensar o presente, desperdiçando a experiência e por isso mesmo insuficiente para alçar-se a novas possibilidades de futuro*. Essa razão, estruturada pelas ciências, resulta na racionalidade conhecida como *cognitivo-instrumental,* estratégica e dominante, contrária à reinvenção de novos modos de vida (CHAUI, 2013)[5].

5 "De fato, a predominância da racionalidade cognitivo-instrumental em relação às demais formas de racionalidade fez com que o intelecto moderno se tornasse uma razão 'metonímica (toma 'a parte' da cultura científica e filosófica do ocidente pelo 'todo', concebendo-a como forma última da organização dos saberes)

3 Se a dignidade e os direitos humanos escapam na inter-relação finito-infinita

O ser humano, movido pela sua capacidade em adquirir conhecimento das diversas totalidades, depara-se com a totalidade em grau supremo, o infinito. Entendida esta dimensão como o (ou no campo do) sagrado, a dignidade humana, para diversas culturas, encontra maior sentido. Agora o ser humano é um ser religioso e, portanto, digno e pleno de direitos, não somente para a pessoa, em particular, mas para a sua própria humanidade (GESCHÉ, 2003)[6].

Para alguns, essa condição é legítima; fonte crível da natureza humana; para outros, questionável ou, até mesmo, fantasiosa. Muitos presumem que o único postulado convincente é o racional, capaz de ordenar as ações humanas e de sustentar a dignidade e os direitos humanos. Diante disso, o que pensar do sistema cognitivo do homem, dinâmico e aberto ao conhecimento de totalidades universais e infinitas? O que pensar, também, sobre o racionalismo secular que conduz mais para o ceticismo e indiferença, que para a abertura e diálogo? Sobremaneira, há quem discorde em admitir

e 'proléptica' (pretende possuir o conhecimento do futuro no presente, concebido como progresso sem limites). Porque pressupõe, assim, um destino melhor e inexorável para a humanidade, fundado no progresso infinito proporcionado pelo conhecimento científico e porque não abre campo de pensamento e de ação para o advento futuro diferente de ser e de saber, a razão moderna tornou-se impotente para suportar o desafio de interrogar alternativas à ideologia do fim da história (no duplo sentido de término e *telos*). Estamos, pois, diante da hegemonia de uma *razão indolente*, incapaz de pensar o presente, desperdiçando a experiência e por isso mesmo insuficiente para alçar-se a novas possibilidades de futuro" (CHAUI, 2013, p. 27).

6 "Há no ser humano, em todo ser humano, um *inviolável* 'no qual tu não tocarás', e isso em nome de um Absoluto, de um In-finito, que se chama Deus, e ao qual esse ser humano apela contra todos os meus poderes. Seja ele economicamente inútil, socialmente irrecuperável, psicologicamente fora de toda comunicação, esse ser humano, em nome da Transcendência que o criou à sua imagem e semelhança, tem o direito imprescritível e inalienável de se fazer respeitar. Seu rosto [...] se impõe a mim como um in-finito que eu não posso totalizar e assassinar em nome de meus interesses econômicos, políticos, sociológicos, [...]. O outro não pode ser usado e sua in-finitude intangível me proíbe de profaná-lo com o meu egoísmo" (GESCHÉ, 2003, p. 40).

a religião ou o sagrado como fonte de discussão sobre a dignidade e os direitos humanos. Na mesma medida, há quem afirme tal possibilidade, como legítima e real (ANAT, 2017).

Sobre isso, há de se considerar, ao menos, dois aspectos: o primeiro, a religião, quando entendida na ótica do "cuidado", desperta em seus agentes a pedagogia da alteridade, do olhar e contemplar o outro na sua condição. Essa concepção, como fundamentada nos estudos teológicos, é a *regra de ouro* de tal realidade, em que o cuidar do outro é o alicerce básico de toda compreensão e valor humano. O judaísmo e o cristianismo, com base no texto bíblico, sustentam essa máxima[7] em defesa, particularmente, daquelas pessoas mais vulneráveis.

A riqueza de uma hermenêutica na ótica da alteridade está presente em toda a Bíblia, desde Abraão até Jesus de Nazaré que, para o cristianismo, recupera o amor original, fonte superior de motivações pela promoção da dignidade e direitos humanos. A pedagogia da alteridade, portanto, vai além de modelos ideais e subjetivismos, para encontrar no outro a razão da existência e vivência humana (FIGUEIREDO, 2012).

O livro do Deuteronômio mostra um exemplo claro de alteridade na recuperação dos direitos negados aos pobres. É o direito ao *respigo*, muito importante no sistema social daquelas civilizações. O respigo da colheita é uma preocupação pelo outro, os pobres; é uma legislação dirigida aos proprietários, permitindo a sobrevivência dos pobres. Não se quer isentar, com isso, o dever

---

7 Para Mancuso, todas as grandes religiões (não somente o judaísmo e o cristianismo) conhecem a regra de ouro:"Hinduismo: É preciso não se comportar com os outros de modo que não seja agradável a nós mesmo: [...]. Jainismo: o homem deveria comportar-se [...] e tratar todas as criaturas do mundo como ele mesmo gostaria de ser tratado [...]. Religiões chinesas: aquilo que não desejares para ti, tampouco o faças para outros homens [...]. Budismo: uma condição que não é agradável ou prazerosa para mim, como posso impô-la ao outro? [...]. Judaísmo: não faças aos outros o que não queres que eles façam a ti [...]. Cristianismo: tudo o que desejais que os homens vos façam, fazei-o também vós a eles [...]. Islã: Nenhum de vós será um verdadeiro crente, até que deseje para o seu irmão o que deseja para si mesmo" (MANCUSO, 2014, p. 58).

de os pobres trabalharem, para manutenção de seu próprio sustento e vida. Porém, os deuteronomistas lembram aos ricos que todo Israel seria escravo se isso não fosse praticado (BLENKINSOPP, 2007; HOPPE, 1999; BORN, 1977).

O segundo, ao contrário, o que dizer da religião, de seus preceitos e agentes, quando deixa escapar a dignidade e os direitos humanos? A religião pode contribuir para que isso aconteça? Se não é óbvio, está explícito em tudo o que foi escrito anteriormente: também a religião pode tornar-se instrumento de negação da dignidade e dos direitos humanos. Isso acontece quando ela produz e reproduz uma rígida moral e concepção de vida, sem levar em conta a condição humana e seu legado histórico-cultural (TEIXEIRA & SILVA, 2014).

Vê-se, então, a necessidade de uma séria e crítica reflexão sobre a relação entre a totalidade infinita e a história, cuja *consistência se encontra na noção de que a relação entre Deus e o ser humano se estabelece onde libertação e dignidade humana se encontram* (SANTOS, 2014, p. 109)[8]. Quando se escuta o clamor do povo tolhido pelos seus direitos dizendo: onde estão os direitos humanos? Silêncio! Chega de hegemonias e religiosidades tradicionalistas e conservadoras.[9] É hora de reinventar e não de viver a religião ou a razão no doce mel da ilusão, de um idealismo inconsequente.

---

8 No tocante aos agentes é bom lembrar das lutas engendradas por importantes lideranças religiosas, por exemplo, Dom Paulo Evaristo Arns, Dom Helder Câmara, O Conselho Nacional de Igrejas Cristãs no Brasil, a Conferência Nacional dos Bispos do Brasil. São volumosas as ações conjuntas de múltiplos estudos e lutas em favor dos direitos humanos (TRIANA, 2017).

9 "Segundo as teologias tradicionalistas, os direitos humanos são uma usurpação secular dos direitos de Deus. Estes direitos divinos, tal como foram revelados à Igreja e aos líderes da Igreja, são a única fonte legítima de direitos e implicam mais deveres que direitos. À luz desta premissa, não é possível uma ecologia de saberes entre os direitos humanos e as teologias políticas tradicionais. Da perspectiva destas, os direitos humanos, por ser uma construção humana, carecem de legitimidade para participar num diálogo com uma construção divina" (SANTOS, 2014, p. 109).

Conclusão

Os direitos humanos são imprescindíveis à proteção do direito basilar que é a dignidade humana. A ausência dessa proteção acontece, muitas vezes, quando os direitos humanos são mutilados pelo Estado ou qualquer outra instituição, fazendo escapar a dignidade e tornando-a um *des-valor*. Nessa perspectiva, faz-se necessário uma nova educação para os direitos humanos que permita compreender sua realidade dinâmica e seus vínculos histórico e social, peculiaridades que fazem a diferença para as futuras gerações.

No campo histórico, deve-se levar em conta os diversos modos do agir humano como chave hermenêutica de compreensão do próprio ser humano. Esta medida ajuda-nos a compreender os mecanismos de exploração e de negação dos direitos humanos; no campo social, tomar consciência de que a memória contribui para a compreensão dos movimentos, mudanças e lutas pela promoção dos direitos humanos e, por consequência, do valor da sua dignidade.

O humano é um ser e não uma coisa. Logo, *coisificar* o humano é colocá-lo na esfera da *des-dignidade*. Sua dignidade é a garantia de todos os direitos humanos, na prática da liberdade sem escravidão, da igualdade sem exclusão e da fraternidade sem aversão.

Quando o sistema cognitivo é impedido de avançar para o conhecimento das totalidades, o ser humano se enfraquece. A razão indolente e a racionalidade cognitivo-instrumental são formas que, seguramente, contribuem para deixar escapar a dignidade e os direitos humanos, porque não se abrem para perspectivas de futuras lutas e conquistas.

Ao contrário, quando o ser humano, dotado de razão, exercer em plenitude sua natureza reflexiva, aberta às totalidades infinitas (não coagido por mecanismos externos), poderá conhecer e compreender a si mesmo – embora tenha consciência de não poder abarcar plenamente sua própria realidade – e, com isso, sua dignidade e direitos fundamentais.

Referências bibliográficas

BERGÓLIO, F. (Papa). *Evangelii Gaudium.* A Alegria do Evangelho. Documentos Pontifícios 17. Brasília: CNBB, 2013.

BILETZKI, Anat. *O Sagrado e o Humano.* Disponível em: http://advivo.com.br/blog/stanilaw-calandreli/o-sagrado-e-o-humano. Acesso em: 15 set. 2017.

BROWN, R; FITZMYER, J. A; MURPHY, R. E. (Orgs.). *Novo Comentário Bíblico São Jerônimo.* Antigo Testamento. São Paulo: Paulus, 2007.

BORN, A. V. D. Respiga. In: *Dicionário Enciclopédico da Bíblia.* ATTEMA, D. S; BREKELMANS, C; BRUNNER, H. *et al.* (Orgs.). 2. ed. Rio de Janeiro: Vozes, 1977.

CHAUI, M. Saudação a Boaventura de Sousa Santos. In: SANTOS, B. de Souza; CHAUI, M. *Direitos Humanos, Democracia e Desenvolvimento.* São Paulo: Cortez, 2013.

FALERO, A. Derechos humanos y memoria: agentes sociales y luchas por la subjetividad colectiva en Uruguay. In: *Direitos Humanos e suas Interfaces nas Políticas Sociais.* Leal, M. C.; Freire, S. de Moraes (Org.). Rio de Janeiro: Uerj, 2012.

FIGUEIREDO, Eulálio; SERGIO Junqueira. *Teologia e Educação. Educar para a caridade e solidariedade.* São Paulo: Paulinas, 2012.

GESCHÉ, A. *O Ser Humano.* São Paulo: Paulinas, 2003.

BERGANT, D; KARRIS, R. J. (Orgs.). *Comentário Bíblico I.* São Paulo: Loyola, 1999.

HOUTART, F. *Mercado e Religião.* São Paulo: Cortez, 2013.

MANCUSO, V. *Eu e Deus:* um Guia para os Perplexos. São Paulo: Paulinas, 2014.

MAUÉS, Antonio; WEYL, Paulo. Fundamentos e marcos jurídicos da educação em direitos humanos. In SILVEIRA, R. M. G.; DIAS, A. A. *et al.* (Org.). *Educação em Direitos Humanos:* Fundamentos teórico-metodológicos. Brasília. MEC/SEDH, 2010.

MAZZAROLO, I. Alguns Tópicos de Antropologia Paulina na *Gaudium et Spes.* In: FERNANDES, L. A. (Org.). *Gaudium et Spes em Questão.* São Paulo: Paulinas, 2016.

MINAGÉ, T. *O Que é Dignidade da Pessoa Humana?* Disponível em: http://www.justificando. cartacapital.com.br/ 2015/03/28/o-que--e-dignidade-da-pessoa-humana/>. Acesso em: 15 set. 2017.

MOTA, A. F. M. R. *A Dignidade da Pessoa Humana e sua definição.* Disponível em: http: // www.ambito-juridico.com.br/site/?n_link=revista_artigos_leitura&artigo_id=14054>. Acesso em: 15 set. 2017.

COMPÊNDIO DO VATICANO II. *Constituições, decretos, declarações*. São Paulo: Vozes, 1980.

SANTOS, B. de Sousa; CHAUI, M. *Direitos Humanos, Democracia e Desenvolvimento*. São Paulo: Cortez, 2013.

SANTOS, B. de Souza. *Se Deus Fosse um Ativista dos Direitos Humanos*. 2. ed. São Paulo: Cortez, 2014.

TEIXEIRA, C; SILVA, Antonio Wardison. C. Superando desafios: a simbiose da fé. In: *Revista de Cultura Teológica*, São Paulo, ano XXII, n. 84, jul/dez, 2014.

TRIANA, P. *Os Direitos Humanos na perspectiva bíblica.* Disponível em: http://dapar.org/2016/biblia-dh/. Acesso em: 15 set. 2017.

16

O Sistema Preventivo de Dom Bosco e os direitos humanos: interação e contribuição recíprocas

Thiago Fernando Cardoso Nalesso[1]

Introdução

O presente capítulo especula sobre o conceito de dignidade da pessoa humana e, com base nas orientações dos últimos Papas da Igreja Católica, assim como de lideranças salesianas, fundamenta a aproximação entre o sistema preventivo de Dom Bosco e os direitos humanos.

Os três grandes valores para a pedagogia salesiana são a confiança, a esperança e a aliança e refletiremos como eles servem de fundamento para a interação do sistema preventivo e os direitos humanos, que, assim, enriquecem-se mutuamente.

1 A perspectiva cristã da dignidade humana

Os ideais e as práticas de Dom Bosco marcaram, em seu tempo, uma nova forma de tratar as questões sociais, em especial, sobre a

1 Doutorando em Direito pela Pontifícia Universidade Católica de São Paulo, PUC-SP; Coordenador do Curso de Direito e Membro do Núcleo de Educação em Direitos Humanos do Centro Universitário Salesiano de São Paulo, UNISAL; Coordenador do Núcleo de Monografias Jurídicas do UNISAL e das Faculdades Integradas de Itapetininga/SP.

condição das crianças e dos jovens. Suas ideias se coadunam com outros campos do pensamento cristão e, também, com as de outros grupos da sociedade mundial que possuem, como elemento comum, o entendimento do ser humano como um ser, por si só, pleno de direitos e de dignidade.

Para o cristianismo, com base na Sagrada Escritura, diversos valores sobre os direitos humanos podem ser identificados:

> O grito pela justiça (Amós, Miqueias). A igualdade entre as pessoas. O acolhimento ao estrangeiro. O direito de asilo, o repouso dominical, o direito à alimentação superpondo-se ao direito da propriedade privada. A proteção dos instrumentos de trabalho em face do penhor, a sacralidade do salário (Deuteronômio). A solidariedade para com o órfão e a viúva (Deuteronômio e Provérbios). A condenação da usura (Êxodo, Neemias). A identidade de origem dos seres humanos criados à imagem de Deus (Gênesis e Salmos). A fraternidade (Levítico, Provérbios). A paz (Miqueias) (FISTAROL, 2009, p. 17-18).

Os ideais cristãos apresentados no Novo Testamento e a opção pelos mais pobres integram as proposições do Antigo Testamento e revelam, como elemento central de sua mensagem, o amor ao próximo.

> Jesus assumiu a parte dos pobres e dos infiéis, condenou a dureza de coração dos soberbos e dos ricos que depositam sua esperança nos próprios bens. Com suas palavras e com seu exemplo, Jesus, no momento de sua morte e ressurreição, adotou atitude da entrega total e do sacrifício da própria vida pela humanidade. Ele, apesar de sua condição divina, não fez alarde de ser igual a Deus (Fl 2, 6). Apesar de possuir todos os direitos divinos e humanos, renunciou impô-los e, desta forma, se esvaziou de si (Fl 2,7). Tornando-se obediente até a morte (Fl 2,8), derramou e ofereceu para o bem de todos os seres humanos o próprio sangue numa nova aliança (Hb 8-10) (FISTAROL, 2009, p. 17).

O ponto de encontro dessas concepções é a perspectiva de dignidade como inerente a todo ser humano. Não há dúvida que, para o cristianismo, a fonte da dignidade humana, inata, encontra-se na criação, à imagem e semelhança de Deus. O humano, assim, é dotado de um valor próprio, que lhe é intrínseco e que o impede de ser tratado como objeto ou, ainda, como instrumento para obtenção de qualquer finalidade (SARLET, 2011).

Paralelamente, desenvolveu-se a compreensão da dignidade como resultado da razão, qualidade peculiar do ser humano, possibilitando a construção livre e independente da sua própria existência e do seu destino. A concepção fundamentada na razão humana e na capacidade de autodeterminação inerente à natureza humana não exclui a concepção da origem divina, tal como é possível observar nos escritos de São Tomás Aquino (SARLET, 2011).

Todavia, ao longo da história, diversas concepções surgiram para fundamentar as práticas políticas e sociais de cada período histórico, com o intuito de justificar teoricamente a negação de dignidade do humano. Assim, a humanidade conviveu e ainda convive com a negação de direitos do humano, tanto na perspectiva étnica e religiosa, quanto sexual e gênero, entre outras.

O grande marco da compreensão atual sobre os direitos humanos é a Declaração Universal dos Direitos Humanos de 1948, da Organização das Nações Unidas; na Encíclica *Pacem in Terris*, o Papa João XXIII manifesta-se expressamente a favor de tal documento e apresenta também uma declaração de direitos, na perspectiva cristã (FISTAROL, 2009).

Mais do que apenas manifestar-se positivamente em relação aos direitos humanos, a Igreja Católica passou a cobrar a efetivação de tais direitos. Na Carta Apostólica *Octogésima adveniens,* o Papa Paulo VI "ao mesmo tempo que aprecia as declarações dos direitos humanos, faz uma crítica ao sistema jurídico correspondente, pedindo a passagem do reconhecimento formal ao reconhecimento real" (FISTAROL, 2009, p. 20).

O Papa João Paulo, atento aos seus antecessores e consciente dos problemas sociais, também manifestou-se sobre os direitos humanos, particularmente, sobre o princípio da dignidade da pessoa humana. Em pronunciamento dirigido à Igreja na América, afirmou:

> Os direitos fundamentais da pessoa humana estão inscritos na mesma natureza. São queridos por Deus e, portanto, exigem seu universal respeito e aceitação. Nenhuma autoridade humana pode transgredi-los, fazendo apelo a maiorias ou a consensos políticos, com o pretexto de que deste modo são respeitados o pluralismo e a democracia. A Igreja deve, por isso, empenhar-se na formação e no acompanhamento dos leigos que atuam no âmbito legislativo, no governo e na administração da justiça, a fim de que as leis exprimam sempre princípios e valores morais que estejam de acordo com uma sadia antropologia e que tenham presente o bem comum (*apud* FISTAROL, 2009, p. 21).

A tutela e a promoção da dignidade humana devem se constituir em um norte da atuação dos católicos, o que pode ser verificado nas palavras do Sumo Pontífice Bento XVI, Papa Emérito, por ocasião do aniversário de 60 anos da Declaração Universal dos Direitos Humanos:

> Desde sempre a Igreja reafirma os direitos fundamentais, além das diferentes formulações e do diverso peso de que podem se revestir no âmbito das várias culturas, são um dado universal, porque estão ínsitos na própria natureza do homem. A lei natural, escrita por Deus na consciência humana, é um denominador comum a todos os homens e a todos os povos. É um guia universal que todos podem conhecer e em cuja base todos podem se compreender. Os direitos do homem estão, portanto, fundados em Deus criador, o qual concedeu a cada um inteligência e liberdade. Se prescindir-se desta sólida base ética, os direitos humanos permanecerão frágeis porque privados de fundamento sólido (*apud* FISTAROL, 2009, p. 23).

Já o pontificado do Papa Francisco tem se mostrado rico de exemplos de respeito e compromisso com a dignidade do ser humano. Em discurso ao Parlamento Europeu, em novembro de 2014, Francisco ressaltou a importância dos Direitos Humanos e a preocupação de que eles não sejam utilizados de forma indevida, meramente individualista:

> Por isso, considero que seja mais vital hoje do que nunca aprofundar uma cultura dos direitos humanos que possa sapientemente ligar a dimensão individual, ou melhor pessoal, a do bem comum, àquele 'nós-todos' formado por indivíduos, famílias e grupos intermédios que se unem em comunidade social. Na realidade, se o direito de cada um não está harmoniosamente ordenado para o bem maior, acaba por conceber-se sem limitações e, por conseguinte, tornar-se fonte de conflitos e violências.

Para os Salesianos, os direitos humanos também encontram uma perspectiva central em sua missão. Embora o termo não fosse conhecido no tempo de Dom Bosco, como nos dias atuais, é inegável que suas ideias e suas práticas coadunam com a compreensão sobre os direitos do humano, especialmente, sobre a dignidade da pessoa humana.

A construção da dignidade da pessoa, em particular da criança e do jovem, foi a grande preocupação de Dom Bosco: muitas foram suas lutas contra o sistema opressor político do seu tempo. Por isso, dedicou-se com afinco em prol da educação dos jovens, com árduo trabalho junto às classes menos favorecidas.

A questão do trabalho para o *outro* tem um importante espaço dentro da Congregação Salesiana. O trabalho é parte essencial da dimensão humana e, quando colocada a serviço da sociedade, é um caminho para o engrandecimento do próprio ser. A ação realizada torna-se meio de transformação interna e externa.

> Partindo desta visão do homem, torna-se possível considerar a realidade transformadora de sua ação, ou seja, o trabalho. O relacionamento com o mundo torna o homem, no reto uso de sua liberdade, transformador e humanizador de si mesmo (LOPES, 1978, p. 11).

No trabalho, de acordo com Dom Bosco, encontra-se o caminho para o bem pessoal e da coletividade: "Recordai-vos que, pelo trabalho, podeis tornar-vos beneméritos da sociedade, da religião, e fazer bem às vossas almas, principalmente se oferecereis a Deus as vossas ocupações quotidianas" (*apud* LOPES, p. 11).

Para o Pe. Pascual Chávez Villanueva, Reitor-Mor dos Salesianos no período 2002-2014, a promoção dos direitos humanos se constitui primordial, em benefício, especialmente, das crianças e dos jovens:

> Somos herdeiros e portadores de um carisma educativo que tende à promoção de uma cultura de vida e à mudança das estruturas. Por isso temos o dever de promover os direitos humanos. (...)
> O nosso empenho na promoção dos direitos humanos, principalmente dos menores, deve ir além do puro assistencialismo, mesmo se às vezes somos obrigados a cobrir situações de emergência, sem nos limitarmos à defesa dos seus direitos, quando são violados ou esquecidos. Devemos assumir o empenho próprio do educador que busca o crescimento pessoal do jovem e da jovem no seu desenvolvimento integral, conscientes da sua dignidade e responsabilidade (VILLANUEVA, 2009, p. 38).

Nesse horizonte, considera o Pe. Pascual:

> O Sistema Preventivo e o espírito de Dom Bosco chamam-nos hoje a um decidido empenho individual e coletivo, voltado a transformar as estruturas da pobreza e do subdesenvolvimento e, sobretudo, a promover os valores morais que garantem a renovação das mentalidades e das atitudes que estão na base das situações de injustiça. Queremos, por meio da educação, promover a cultura do outro, da sobriedade no estilo de vida e de consumo, da disponibilidade a compartilhar gratuitamente, da justiça, entendida como atenção ao direito de todos; é esta a cultura da dignidade da vida, do trabalho solidário, da abertura à transcendência (2009, p. 40-41).

Os ensinamentos extraídos demonstram a preocupação da Igreja e da Congregação Salesiana sobre a promoção dos direitos humanos, orientando a atividade prática de educar para e pelos direitos humanos.

2 Educação pelos direitos humanos e sistema preventivo

Carola Carazzone, responsável pelo Escritório de Direitos Humanos do VIS, *Voluntariato Internazionale per lo Sviluppo*, expõe de maneira didática como se desenvolve a educação pelos direitos humanos:

> Uma educação que não fosse além da descrição das situações de injustiça mundial e de violações dos direitos humanos seria inevitavelmente cúmplice dessa injustiça. A educação aos direitos não pode se limitar a tornar passivamente conhecidos os direitos humanos, mas deve ser uma educação não só AOS, mas também PELOS direitos humanos, deve levar ao compromisso, à solidariedade, à ação. A finalidade não é, decerto, contemplação abstrata dos valores, mas sua encarnação; deve ser educação orientada à ação, ao gesto, à tomada de posição, de responsabilidade, à análise crítica, ao pensar, ao informar-se, relativizando as informações recebidas dos jornais, das mídias; é uma educação que deve ser permanente e cotidiana (2009, p. 65).

Ora, o sistema preventivo de Dom Bosco tem como um de seus pilares a *amorevolezza*, que pode ser traduzida de diversas formas, em expressões como afeto, carinho, amor educativo. Aquele que ama, preserva e busca o bem do sujeito amado. Assim, a busca pela efetivação dos direitos das pessoas, em especial da criança e do jovem, é parte intrínseca da missão do educador salesiano.

Mais do que ensinar direitos, é fundamental promover a sua construção e efetivação, como lembra o Pe. Antonio da Silva Ferreira: "Mais que uma 'pedagogia de direitos', a pedagogia de Dom Bosco é uma 'pedagogia de amor', e, porque ama, respeita e promove os direitos dos jovens" (2009, p. 13).

O sistema preventivo permanece atual, mesmo com as transformações das sociedades contemporâneas, J. M. Petitclerc afirma que são três as características comuns à juventude de hoje e de sempre: a perda de confiança em relação aos adultos, a angústia em relação ao futuro e as dificuldades durante o processo de socialização:

> Os elementos fundamentais do sistema preventivo, que continuam a ser tão significativos nestes tempos de crise, são: restabelecer o papel da autoridade mediante a elaboração de uma relação educativa baseada na confiança, ser testemunhas de esperança a fim de permitir ao jovem projetar-se para o futuro, fazer com que se façam experiências educativas de convivência entre jovens e adultos, colocando-nos em jogo nessa aliança (PETITCLERC, 2009, p. 48).

Os três grandes valores para a pedagogia salesiana e o sistema preventivo são a confiança, a esperança e a aliança. Um elemento diferenciador da ação proposta por Dom Bosco, desde os primórdios de suas atividades, é a relação de confiança estabelecida entre o educador e o educando, que permite a ocorrência de um processo de aprendizagem e crescimento mútuos.

> É essa, hoje como ontem, a melhor síntese do pensamento educativo de Dom Bosco. Uma educação baseada na confiança é uma educação baseada na razão. O Educador age de maneira razoável, convencido sempre de que o jovem é dotado de razão, capaz de compreender onde estão os seus interesses. O sistema preventivo baseia-se nessa convicção (PETITCLERC, 2009, p. 49).

Outro elemento é a esperança nos jovens, na humanidade, no futuro e na própria condição humana. A pedagogia salesiana enxerga o jovem como a semente, que precisa de cuidados para que possa florescer em suas dimensões. Para Dom Bosco, a única maneira de garantir o direito de o jovem crescer é ver tanto a criança que ainda é quanto o adulto que é chamado a ser sem mantê-lo para sempre em estado infantil, nem tratá-lo como um adulto em miniatura. A pedagogia salesiana deve conciliar a criança do hoje e as potencialidades do adulto de amanhã (PETITCLERC, 2009).

E, como elemento final, a aliança. Para Dom Bosco, não basta uma educação para o jovem, é necessária uma educação com o jovem. É muito difundida uma frase de Dom Bosco: *não basta amar os jovens; é importante que eles se sintam amados*. Um educador salesiano não pode perder o afeto pelos seus alunos, por maiores que sejam as dificuldades do processo de aprendizagem.

O sistema preventivo, portanto, está fundamentado em três elementos e estes se entrelaçam perfeitamente com a temática dos direitos humanos.

Para conquistar a confiança do jovem, é necessário que ele não apenas saiba, mas sinta e veja que o educador luta para que seus direitos sejam garantidos. Como poderia existir confiança sem que o educador estivesse comprometido em relação à dignidade do educando?

A esperança é descrita pelos dicionários como a disposição do espírito que induz a esperar que uma coisa irá se realizar ou suceder. A esperança, no sistema preventivo, pode ser compreendida como a busca de direitos da pessoa, em função do reconhecimento de sua dignidade, e que tais direitos serão garantidos a todos (PRIBERAM, 2017).

A aliança apresentada por Dom Bosco entre o educador e o educando encontra, na proposta da educação para e pelos direitos humanos, um instrumento indispensável para a garantia de compromissos mútuos não apenas para um aprendizado de qualidade, mas também para a construção de uma sociedade melhor.

Nesse sentido, Pe. Pascual Chávez apresenta o ideal de sociedade de Dom Bosco e o atualiza para os tempos de hoje:

> A sociedade que Dom Bosco tinha em mente era uma sociedade cristã, construída sobre os fundamentos da moral e da religião. Hoje a visão de sociedade transformou-se: vivemos numa sociedade secular, construída sobre os princípios da igualdade, da liberdade, da participação; a proposta educativa salesiana, porém, conserva a sua capacidade de formar um cidadão consciente de suas responsabilidades sociais, profissionais, políticas, capaz de trabalhar pela justiça e promover o bem comum, com sensibilidade especial e preocupação pelos grupos mais frágeis e marginalizados. Deve-se trabalhar, portanto, pela mudança de critérios e da visão de vida, pela promoção da cultura do outro, de um estilo de vida sóbrio, de uma atitude constante de

> gratuidade, de luta pela justiça e pela dignidade de toda a vida humana (2009, p. 37).

Ao tratar do patrimônio humano que os Salesianos possuem no mundo, o Reitor-Mor afirma a necessidade de não apenas reconhecê-lo, mas também tratá-lo com consciência.

> Trata-se, na verdade, de um patrimônio inestimável, que implica a assunção de uma grande responsabilidade: a de contribuir, inspirando-nos no evangelho de Jesus e no carisma de Dom Bosco, para promover a transformação da sociedade, remover as causas profundas da injustiça, da pobreza, da exclusão, potencializar o crescimento da pessoa humana na sua dignidade e, enfim, evangelizar os jovens, sobretudo os mais pobres (VILLANUEVA, 2009, p. 85).

Na Estreia de 2013, o Reitor-Mor retomou e atualizou seus ensinamentos sobre a relação entre o sistema preventivo e os direitos humanos, apresentando o caminho a ser seguido nesta questão:

> **Sistema Preventivo e Direitos Humanos.** A Congregação não tem motivos de existir se não for para a salvação integral dos jovens. A nossa missão, o evangelho e o nosso carisma pedem-nos hoje para percorrer a estrada dos direitos humanos; trata-se de um itinerário e de uma linguagem novos que não podemos transcurar. O sistema preventivo e os direitos humanos interagem, enriquecendo-se reciprocamente. O sistema preventivo oferece aos direitos humanos uma abordagem educativa única e inovadora em relação ao movimento de promoção e proteção dos direitos humanos. Igualmente, os direitos humanos oferecem ao sistema preventivo novas fronteiras e oportunidades de impacto social e cultural como resposta eficaz ao "drama da humanidade moderna, da fratura entre educação e sociedade, da desconexão entre escola e cidadania" (VILLANUEVA, 2013, p. 36).[2]

2 Ver ainda: VILLANUEVA, P. Pascual Chávez. Educação e cidadania. *Lectio Magistralis* para o Doutorado Honoris Causa da Universidade dos Estudos. Gênova, 23 de abril de 2007. In *Cadernos Salesianos nova série*, 2/2010, p.7-28.

O Reitor-Mor apresentou, no texto da Estreia de 2013, algumas chaves para a compreensão da unidade entre o sistema preventivo e os direitos humanos na atualidade. Inicialmente, relembra a função da missão salesiana: "a Congregação não tem motivos de existir se não for para a salvação integral dos jovens". Logo após, apresenta a "estrada dos direitos humanos" como a via a ser percorrida pelos salesianos.

Conclusão

Resta claro que, ao querer a salvação integral dos jovens, não basta atuar nos limites de sua formação acadêmica. É preciso ir adiante e lutar para que os jovens, em especial das classes menos favorecidas, tenham opções de construir suas vidas de forma digna em uma sociedade mais justa, fraterna e solidária. Por estas razões, o Pe. Pascual Chávez Villanueva apresenta a "estrada dos direitos humanos".

Um segundo ponto de importância fundamental é a "interação" e o "enriquecimento recíproco" entre o sistema preventivo e os direitos humanos. Para o então Reitor-Mor, o sistema preventivo oferece aos direitos humanos uma "abordagem educativa única", na medida em que alia a preventividade, a alteridade, o "bem querer" e a transcendência na promoção dos direitos humanos. Neste ponto em especial, é possível verificar que Dom Bosco já trabalhava a ideia de educação para e pelos direitos humanos, muito tempo antes de tais expressões se constituírem em preocupações dos estudiosos da educação. Para o Pe. Pascual:

> Como pessoas de fé, podemos dizer que o sistema preventivo oferece aos direitos humanos uma antropologia que se deixa inspirar pela espiritualidade evangélica e considera como fundamento dos direitos humanos o dado ôntico da dignidade de cada pessoa *sem distinção de qualquer espécie, seja de raça, cor, sexo, língua, religião, opinião política ou de outra natureza, origem nacional ou social, riqueza, nascimento, ou qualquer outra condição* (Grifo nosso) (VILLANUEVA, 2009, p. 87).

O drama da humanidade moderna é apresentado como "a fratura entre educação e sociedade" ou ainda "a desconexão entre escola e cidadania". Estas fraturas ou desconexões podem ser interpretadas como o esvaziamento axiológico do processo educacional, redutor do conhecimento a um conjunto de técnicas humanas, impensáveis em um contexto educativo como o salesiano, que tem como um dos seus fins maiores a construção de sujeitos aptos ao exercício de uma cidadania ativa.

Neste sentido, a ação educativa salesiana pode contribuir para a defesa das pessoas em situação de vulnerabilidade, em especial, de crianças e jovens de classes menos favorecidas, ao mesmo tempo, colaborar na formação de pessoas para que compreendam o sentido da expressão "humano", tanto na dimensão racional quanto transcendental, tornando-os "bons cristãos e honestos cidadãos", capazes de intervir com a razão e o coração na construção de uma sociedade humana futura capaz de reagir ao drama da humanidade contemporânea, tão bem apresentada pelo ainda Reitor-Mor.

Em suma, as ações do educador salesiano podem se pautar nos valores propostos pelos documentos debatidos neste texto, o que permitirá o desenvolvimento de ações com o objetivo de efetivar os direitos humanos, além de oferecer à comunidade acadêmica um ambiente de aprendizagem desenvolvido por meio da partilha e de uma prática efetivamente transformadora.

Referências bibliográficas

FERREIRA, Antonio da Silva. *Não basta amar.* A pedagogia de Dom Bosco em seus escritos. São Paulo: Salesiana, 2009.

DICIONÁRIO Priberam da Língua Portuguesa. Disponível em: <http://www.priberam.pt/dlpo/default .aspx?pal=esperança>. Acesso em: 10 jun. 2017.

FISTAROL, Orestes Carlinhos. *Sistema preventivo e direitos humanos*. Brasília: CISBRASIL/CIB, 2009.

CORRÊA, Edison José (Org.), *Extensão Universitária*: organização e sistematização. Belo Horizonte: Coopmed, 2007.

FRANCISCO, Papa. *Discurso ao Parlamento Europeu em 25 de novembro de 2014.* Disponível em: <http://papa.cancaonova.com/discurso-do-papa-francisco-ao-parlamento-europeu/>. Acesso em: 01 jun. 2017.

LOPES, Geraldo F. *O Santo do trabalho e a atual teologia do trabalho. Cadernos Salesianos*, vol. 11. São Paulo: Editorial Dom Bosco, 1978.

SARLET, Ingo. *Dignidade da pessoa humana e direitos fundamentais na Constituição de 1988.* Porto Alegre: Livraria do Advogado, 2011.

VILLANUEVA, P. Pascual Chávez. *Estreia 2013.* Disponível em: <http://edbbrasil.org.br/gratuitos/estreia2013.pdf>. Acesso em: 29 jun. 2017.

VILLANUEVA, P. Pascual Chávez. Educação e cidadania. Lectio Magistralis para o Doutorado Honoris Causa da Universidade dos Estudos. In *Cadernos Salesianos,* Gênova, 2/2010.

Vaquejada: patrimônio cultural do Brasil ou ofensa aos direitos fundamentais?

Kleber Cavalcante Stéfano[1]

Introdução

A vaquejada, atividade cultural recreativa do Nordeste brasileiro, que consiste na tentativa de derrubar um bovino puxando-o pelo rabo em uma pista de competições por dois vaqueiros montados a cavalo, tem despertado as atenções da sociedade e de instituições civis e judiciárias.

A Procuradoria Geral da República (PGR) e várias associações e entidades de defesa e proteção dos animais entendem que legislações estaduais que regulamentam a vaquejada afrontam o direito fundamental ao meio ambiente ecologicamente equilibrado, previsto na Constituição Federal, precisamente, no §1° do artigo 225; a título de exemplo, uma lei do Estado do Ceará, objeto de Ação Direta de Inconstitucionalidade aforada no Supremo Tribunal Federal.

A defesa dos Estados, manifestada por prefeitos, governadores, dentre outros atores políticos, sustenta que a vaquejada constitui manifestação cultural popular do Brasil, integrando o rol de bens imateriais componentes do acervo patrimonial e

1 Mestre em Direito pela Universidade Metodista de Piracicaba (Unimep); Professor e Coordenador do Curso de Direito e membro do Núcleo de Educação em Direitos Humanos do Centro Universitário Salesiano de São Paulo, UNISAL.

cultural nacionais. Estaria, desta forma, protegida pelo artigo 215 da Constituição Federal.

O Supremo Tribunal Federal, em outubro de 2016, julgou inconstitucional a lei cearense sob o fundamento de que a vaquejada implica no tratamento cruel de animais, não podendo ser admitida. Como reação desta decisão, o Legislativo e o Executivo legalizaram a vaquejada por meio de emenda na Constituição Federal, pauta que novamente será enfrentada pela Corte Suprema brasileira.

Este capítulo busca uma resposta para o dilema da vaquejada, se patrimônio cultural do Brasil ou se ofensa aos direitos fundamentais e à dignidade da pessoa humana.

1 Sobre a vaquejada

A vaquejada surgiu no sertão nordestino entre os séculos XVII e XVIII, inicialmente com o nome de 'apartação' (Câmara Cascudo, 1976). As fazendas de pecuária bovina da época não continham cercamentos; as criações se misturavam e, em razão disso, havia a necessidade da convocação de vaqueiros para fazer a separação que selava o destino dos bois entre o comércio, a ferragem e a castração (Felix; Alencar, 2011). Há registros desta prática em clássicos da literatura brasileira, como em *Os Sertões* (Cunha, 2011), *Vaqueiros e Vaquejadas* (Alves, 1986), *História Econômica do Brasil* (Prado Jr., 1972) e *O Sertanejo* (Alencar, 2011).

Na década de 40, a prática se tornou um festejo destacado "pela exibição de força ágil, provocadora de aplausos e criadora de fama dos vaqueiros" (CASCUDO, 1976, p. 23). Repetia-se, em público, nos pátios das fazendas, a técnica utilizada nas várzeas para recolha dos animais ariscos que escapavam da manada e disparavam pela caatinga. Neste momento, deixava-se de nominar o evento como "apartação", substituindo-o por "corrida de morão", muito comum nas propriedades fazendeiras da Bahia e do Ceará, em que os vaqueiros solitariamente corriam pátio aberto visando à captura do boi. Sagrava-se vitorioso aquele que tivesse a puxada mais habilidosa (Aires, 2008).

Câmara Cascudo (1976, p. 24) reconhece a transição porque passou a prática da vaquejada durante o século XX:

> Uma competição de agilidade esportiva, exaltação de euforismo lúdico, independente dos processos normais da pecuária contemporânea (...). Hoje é festa pública, nas cidades, com publicidade e alto-falante, fotografias e aplausos citadinos. Outrora as bromélias, xiquexiques e cardeiros eram as únicas testemunhas das façanhas. Há regulamentos impressos, fixando classificações e penalidades, embora com jurisdição restrita. Vez por outra um espírito de porco tenta modificações e novidades mutiladoras, felizmente recusadas pela tradição invariável. Concorrem os jovens vaqueiros e em maioria absoluta fazendeiros moços, homens titulados pelas Universidades, médicos, engenheiros, advogados, agrônomos. (...) A vaquejada tornou-se esporte da aristocracia rural.

A vaquejada moderna, como se conhece hodiernamente, ocorre na década de 60, quando fazendeiros de vários Estados nordestinos começam a promover e organizar uma competição de derrubada de bois, em que os vencedores são premiados em dinheiro. Os vaqueiros competidores têm de pagar uma taxa de inscrição para participar do evento, quc não mais ocorre em chão de terra batida e cascalho, dando lugar à superfície de arcia com área definida por regulamento. O nome vaquejada parte, portanto, deste movimento.[2]

A partir de 1990, a vaquejada passou a ser entendida como uma atividade cultural-competitiva, com características de esporte, praticada em uma pista de competição sobre um colchão de areia com espessura mínima não inferior a 40 cm, no qual dois vaqueiros montados a cavalo têm o objetivo de alcançar e emparelhar o boi

2 Na década de 80, a vaquejada era praticada de forma diferente. Cada dupla tinha direito a correr três bois. O primeiro boi valia oito pontos, o segundo valia nove e o terceiro boi correspondia a dez pontos. Esses pontos eram somados e, no final da vaquejada, era feita a contagem de pontos, a dupla que somasse mais pontos era campeã e recebia um valor em dinheiro. Esse tipo de vaquejada com três bois foi e ainda é chamada de "bolão" (AIRES, 2008).

entre os cavalos, conduzi-lo até o local indicado, onde o bovino deve ser deitado[3].

O regulamento editado pela Associação Brasileira da Vaquejada (ABVAQ), aprovado em João Pessoa, Paraíba, em 29 de dezembro de 2016, prevê a competição de pares (ou duplas) em montaria sobre cavalos.[4] O par é formado por um vaqueiro-puxador, que tem a missão de entrelaçar o protetor de caudas do boi entre as mãos e derrubar (deitar) o bovino em uma faixa de pontuação (linhas paralelas com distância de 9 metros entre uma e outra) demarcada sobre um colchão de areia. Para isso, conta com o auxílio de um vaqueiro-esteireiro, incumbido de direcionar e condicionar o boi a percorrer uma faixa de tolerância demarcada (linha perpendicular à pista de competição onde o bovino desenvolve a corrida), emparelhando-o com o vaqueiro-puxador. O vaqueiro-esteireiro, quando está próximo à faixa de pontuação, recolhe o protetor de caudas do boi e o entrega ao companheiro, que traciona e torce lateralmente até provocar a queda do bovino no local demarcado. A pontuação é obtida quando ocorre o "valeu o boi", isto é, quando o vaqueiro-puxador consegue que o bovino caia na faixa de pontuação com as quatro patas para cima. Se, pelo contrário, o boi não ficar com as patas voltadas para cima, declara-se o "zero" e a dupla não pontua.[5]

Segundo dados fornecidos pela ABVAQ, no período 2014-2015, a vaquejada movimentou recursos na ordem de 600 milhões de reais por ano, gerando mais de 120 mil empregos diretos e 600 mil empregos indiretos, reunindo público circulante nos parques de vaquejada na faixa de 650 milhões de pessoas, o que inclui

3 Artigo 3°, item 1, do Regulamento da ABVAQ.

4 No início, as montarias eram formadas por cavalos nativos da região em que ocorria a Vaquejada. Depois passaram a ser constituídas por cavalos de melhor linhagem, como os Quartos de Milha apresentados em matéria jornalística reportada por Fernando Gabeira na Globo News, com o título "Legalidade da Vaquejada é discutida no STF". Disponível em: <http://g1.globo.com/globo-news/cidades-e-solucoes/videos/v/fernando-gabeira-legalidade-da-vaquejada-e-discutida-no-stf/5138067/>. Acesso em: 01 jul. 2017.

5 Artigo 3° do Regulamento da ABVAQ.

leilões e feiras de negócios. Em média, são 4 mil eventos anuais, sendo que 60 eventos distribuem premiação superior a 150 mil reais. Para a ABVAQ, a vaqueja constitui o "esporte" que mais cresce no Brasil[6].

Os eventos de vaquejada duram, em média, três dias e, além das competições, também são apresentados shows musicais, leilões, exposições, dentre outras atrações de lazer e entretenimento coletivo.

2 Legislação afeta a vaquejada

A vaquejada alcança regulamentação no Brasil tanto como manifestação cultural quanto como prática desportiva com emprego de animais. Tal regulamentação parte da Constituição Federal e das leis infraconstitucionais de caráter federal e estadual.

A Emenda Constitucional (EC) nº 96, promulgada em 06 de junho de 2017, acrescentou um §7º ao artigo 225 da Constituição Federal, estabelecendo que *práticas desportivas que utilizem animais não são consideradas cruéis, desde que figurem como manifestações culturais*, nos termos do §1º do artigo 215 da Constituição, registradas como bem de natureza imaterial integrante do patrimônio cultural brasileiro, devendo ser regulamentadas por lei específica que assegure o bem-estar dos animais envolvidos.[7]

O §1º do artigo 215 da Constituição Federal reza que o Estado deve proteger *manifestações das culturas populares*, indígenas e afro-brasileiras, bem como de outros grupos participantes do processo civilizatório nacional.

Acrescenta, ainda, no artigo 216, que o patrimônio cultural compõe-se dos bens de natureza material ou imaterial, tomados individualmente ou em conjunto, portadores de referência à identidade, à ação, à memória dos diferentes grupos formadores da sociedade brasileira, compreendidos pelas formas de

6 Disponível em: <http://www.abvaq.com.br/telas/4>. Acesso em: 03 jul. 2017.
7 Este dispositivo é objeto da Ação Direta de Inconstitucionalidade (ADI) nº 5.728 no STF.

expressão, modos de criar, fazer e viver, obras intelectuais no campo da ciência, da arte e da tecnologia, objetos, documentos, construções e espaços destinados às manifestações artístico-culturais, bem como equipamentos urbanos e sítios de valor histórico, artístico, arqueológico, paisagístico, paleontológico, ecológico e científico.

Seguindo essa toada, a vaquejada e outras expressões artístico culturais, como os rodeios, montarias, provas de laço, apartação, entre outras, foram elevadas à condição de *manifestação cultural nacional e de patrimônio cultural imaterial brasileiro*, por força da Lei Federal de nº 13.364 de 29 de novembro de 2016.

O legislador infraconstitucional também reconheceu a profissão do praticante da vaquejada (vaqueiro), consoante o que prevê o artigo 1º, § único, da Lei Federal de nº 10.220 de 11 de abril de 2001, equiparando-o ao atleta profissional, eis que participa, mediante remuneração pactuada por contrato específico, de provas de destreza no dorso de cavalos, bem como de torneios patrocinados por entidades públicas ou privadas ou, ainda, de atividades profissionais da modalidade organizadas pelos atletas e entidades da prática da vaquejada (caso da ABVAQ, por exemplo).

Acrescente-se que os Estados da Federação, antes mesmo do legislador federal, também procuraram regulamentar a vaquejada enquanto prática desportiva e cultural. A iniciativa pioneira partiu do Estado do Ceará, com a edição da Lei nº 15.299 de 08 de janeiro de 2013. Seguiram-se outras leis em mesmo sentido, como o caso de Roraima (Lei nº 900 de 6.4.2013), Bahia (Lei nº 13.454/2015), Amapá (Lei nº, 1.906/2015), Paraíba (Lei nº 10.428/2015) e Distrito Federal (Lei nº 5.579/2015).

Não obstante a todo este repertório legislativo, a vaquejada, ao menos enquanto prática desportiva, tem sua legalidade questionada no Judiciário e suas leis são objetos de controle de constitucionalidade, como se verá no tópico seguinte.

3 (In)Constitucionalidade da vaquejada

O início do imbróglio jurídico em torno da vaquejada se dá a partir do exame de constitucionalidade, pela suprema corte brasileira, da Lei nº 15.299/2013 do Estado do Ceará, alvo de Ação Direta de Inconstitucionalidade (ADI) nº 4.983, de autoria da Procuradoria Geral da República (PGR) contra o Governador do Estado e a Assembleia Legislativa cearenses. Participou do processo, também, a ABVAQ.

Segundo a PGR, a lei cearense aponta para uma colisão de normas constitucionais. De um lado, o inciso VII, §1º do artigo 225, que trata do direito ao meio ambiente e sua proteção *latu sensu*[8] e, de outro, o já mencionado artigo 215, versando sobre a proteção às manifestações culturais populares e afins. Diante deste conflito, caberia ao Supremo Tribunal Federal (STF) valer-se da técnica de ponderação de valores, declarando a inconstitucionalidade do diploma legal cearense, fazendo prevalecer o verbete do inciso VII, do §1º, do artigo 225 da Constituição, preservando o meio ambiente no sentido de limitar qualquer manifestação cultural, artística ou desportiva causadora de maus-tratos e práticas cruéis, que venham infligir dor física ou psíquica aos animais, no caso, equinos e bovinos empregados para a prática da vaquejada. A PGR alegou, também, que o Supremo Tribunal Federal (STF) já julgara matérias ambivalentes no passado, conferindo a solução preconizada e fundamentada em sua proposição de ADI. Citou a ADI 1.856 do Rio de Janeiro, sob a relatoria do Ministro Celso de Mello, julgada em maio de 2011; a ADI 2.514 de Santa Catarina, julgada em 2005, sob a relatoria do Ministro Eros Grau; e a ADI 3.776, do Rio Grande do Norte, relatada pelo Ministro Cezar Peluso, julgada em junho de 2007, que declararam inconstitucionais leis estaduais regulamentando competição galística (rinha de galos) e, ainda, o

8 Importante esclarecer que a Emenda Constitucional nº 96, que acrescentou parágrafo sétimo ao artigo 225 não foi objeto de julgamento da ADI 4.983 concluído em 06 de outubro de 2016. A emenda em referência foi promulgada no dia 07 de junho de 2017.

Recurso Extraordinário (RExt) 153.531, de Santa Catarina, sob a relatoria do Ministro Francisco Rezek, apreciado em 1997, proibindo a prática da denominada "Festa da Farra do Boi".

O governo do Ceará defendeu a constitucionalidade da lei expedida apontando a importância histórica da vaquejada, bem cultural assegurado pelo artigo 215 da Constituição Federal, incentivo ao turismo, fonte de empregos sazonais, de significativo desenvolvimento para economias locais, especialmente de pequenos municípios. Alegou, ainda, que a lei cuidou de regulamentar a prática da vaquejada como modalidade esportiva para proteger os bens constitucionais que a PGR acusa estarem sendo violados, estabelecendo sanções às condutas de maus-tratos aos bovinos e medidas de proteção à integridade física e saúde dos animais.

A relatoria da ADI 4.983 no STF coube ao Ministro Marco Aurélio Melo, que acolheu os pedidos invocados pela PGR. No acórdão proferido, citando o constitucionalista Paulo Benevides, Marco Aurélio reconheceu que o direito ao meio ambiente sadio e equilibrado é direito fundamental de terceira geração, fundado no valor solidariedade, de caráter coletivo ou difuso, de altíssimo teor de humanismo e universalidade. Sustentou, embasado em laudos técnicos constantes dos autos, que a derrubada do bovino pelo rabo, praticada pelo vaqueiro-competidor, provoca lesões nos animais, não se limitando apenas aos bovinos, mas, também, aos cavalos utilizados na vaquejada. Aduziu que o enclausuramento, açoites e tratamento conferido ao bovino antes de sair em disparada pela faixa de tolerância da pista de competições resulta, da mesma forma, em tratamento cruel e maus-tratos aos animais. Expos, ainda, que a lei cearense, em regulação à prática da vaquejada, mesmo tencionando este propósito, não tem como cumprir o desiderato da proteção dos animais, que se mantêm reféns de práticas cruéis a exemplo do que sucedeu nos casos da "festa da farra do boi" catarinense e das rinhas de galo. Neste sentido, sopesando os valores constitucionais em conflito, o Ministro Marco Aurélio reconheceu prevalecer o do inciso VII, do §1º, do artigo 225 da Constituição, na proteção do meio ambiente em sua acepção conceitual mais genérica (que inclui a fauna) defendendo-o e protegendo-o para as futuras gerações, em detrimento à proteção da manifestação cultural popular prevista no artigo 215 da mesma Constituição.

O Ministro Luiz Edson Fachin abriu divergência ao se posicionar favoravelmente à vaquejada, como manifestação cultural tutelada no *caput* e no §1º do artigo 215 da Constituição. Apontou que *em uma sociedade aberta, plural, como a brasileira, a noção de cultura é uma noção construída, não é "a priori"*, sendo a vaquejada *um criar, fazer e viver da população sertaneja*. Sustentou, ademais, que a vaquejada não se compara com os casos da "festa da farra do boi" e das rinhas de galo. Fachin foi acompanhado na divergência pelos Ministros Gilmar Mendes, Luiz Fux, Dias Toffoli e do finado Ministro Teori Zavaski. Prevaleceu, no caso, a decisão pela inconstitucionalidade da lei cearense regulamentando a prática da vaquejada, sendo o Ministro Relator Marco Aurélio seguido pelos votos dos Ministros Roberto Barroso, Ricardo Lewandowski, Rosa Weber, o decano da corte, Ministro Celso de Mello e a Ministra Presidente do STF, Carmen Lúcia. Decisão apertada, 06 votos a 05.

É importante acrescentar que o resultado da ADI 4.983 no STF foi no sentido de declarar inconstitucional a lei cearense que regulamentava a prática da vaquejada no Estado, portanto, não implicando sua proibição em todo território nacional. Este entendimento ficou assentado pelo Ministro Teori Zavaski, no julgamento da Reclamação nº 25.869, ajuizada no STF pela Associação Brasileira dos Defensores dos Direitos e Bem-Estar dos Animais entre outros contra decisão do juízo da 2ª Vara da Fazenda Pública de Teresina, Piauí, que manteve a vaquejada na programação da 66ª Exposição Agropecuária ocorrida naquele Estado.

O legislativo federal brasileiro, diante da decisão proferida pelo STF em 06 de outubro de 2016, se mobilizou no sentido de reagir ao Judiciário, propondo a constitucionalização de práticas como a vaquejada, estabelecendo critérios (ou limitações) ao âmbito protetivo do meio ambiente. Isso se deu por intermédio da Proposta de Emenda Constitucional (PEC) nº 304, datada de 19 de outubro de 2016, sob a autoria do Senador baiano Otto Alencar. A referida emenda foi aprovada (EC nº 96), sancionada e promulgada em 07 de junho de 2017, acrescentando §7º ao artigo 225 da Constituição.

Tal dispositivo constitucional confere validade e eficácia à Lei Federal nº 13.364/2016, bem como a quaisquer normas infraconstitucionais, particularmente, leis estaduais regulamentando práticas desportivas que utilizem animais, desde que assegurem seu bem-estar e contanto que resultem de manifestações culturais registradas como bens do acervo patrimonial cultural do Brasil. Impende acrescentar que, antes do advento da referida EC nº 96, já havia no STF ao menos quatro Ações Diretas de Inconstitucionalidade propostas pela PGR contra leis de outros Estados regulamentando a prática da vaquejada.[9]

Como não poderia deixar de ser, não tardou para que se questionasse a constitucionalidade do §7º do artigo 225 da Constituição Federal, em vista do posicionamento firmado pelo STF na ADI 4.983. No dia 13 de junho de 2017, o Fórum Nacional da Proteção e Defesa Animal, Organização Não Governamental que congrega mais de 100 entidades regionais de proteção animal presentes em 20 unidades da Federação, ingressou com a ADI 5.728, distribuída sob a relatoria do Ministro Dias Toffoli. A vaquejada, portanto, será objeto de novo julgamento.

A decisão do STF na ADI 4.983 foi por um placar apertado (06 X 05) e a questão voltará a ser objeto de julgamento na ADI 5.728 oportunamente. A tendência é que o §7º do artigo 225 da Constituição seja julgado inconstitucional, assim como qualquer legislação que objetive regulamentar a vaquejada, ao menos enquanto tal prática mantiver as regras atuais.

9 ADI 5.710, sob relatoria da Ministra Rosa Weber, contra a Lei nº 13.454/2015 do Estado da Bahia; ADI 5.711/2015 contra a Lei nº 1.906/2015 do Estado do Amapá; ADI 5.713/2015 contra a Lei nº 10.428/2015 do Estado da Paraíba, ambas sob a relatoria do Ministro Marco Aurélio; e a ADI 5.703; contra a Lei nº 900/2013 do Estado de Roraima, também de relatoria da Ministra Rosa Weber.

4 Vaquejada é patrimônio cultural do Brasil ou ofensa aos direitos fundamentais?

Em sintonia com a posição majoritária do STF, que reflete o constitucionalismo contemporâneo, cada vez mais assertivo na proteção do valor da dignidade no estágio evolutivo humano, não é possível ao Estado e à sociedade brasileira aceitarem a vaquejada como manifestação legítima da cultura popular ou como patrimônio cultural e imaterial do Brasil.

O ritual da "farra do boi" também consistia em uma manifestação da cultura popular, particularmente, dos catarinenses, em que os bovinos eram "farreados" (forçados a correr atrás das pessoas até a exaustão); tal prática foi considerada cruel e degradante, declarada inconstitucional pelo STF. A vaquejada nada difere da "farra do boi" se a questão for tomada sob o ponto de vista do tratamento a que o bovino é submetido.

São inegáveis as consequências da vaquejada para os bovinos: fratura nas patas; ruptura de ligamentos e de vasos sanguíneos; traumatismos e deslocamento da articulação do rabo, ou até mesmo seu arrancamento, comprometendo a medula e os nervos espinhais do animal. São ações capazes de gerar dor física e sofrimento mental do animal[10].

É cediço que os animais são seres sencientes, isto é, tem a capacidade de sentir dor e prazer. Assim, não é possível tolerar práticas de atividades recreativas ou esportivas que provoquem sofrimento físico no animal, quiçá psíquico.

E descabe a comparação da vaquejada com esportes como turfe, hipismo e polo equestre, na medida em que nestas modalidades, a menos que se comprove tecnicamente o contrário, as lesões e os danos provocados nos cavalos são contingentes, pois

10 Conclusões extraídas de laudo técnico elaborado pela Dra. Irvênia Luiza de Santis Prada, Professora Titular Emérita da Faculdade de Medicina Veterinária e Zootecnia da USP, doutora em anatomia animal e especialista em neuroanatomia, constante dos autos da ADI 4.983.

os animais são condicionados, alimentados, treinados e preparados para competições de saltos, corrida, bailados, diferentemente da vaquejada, na qual os bovinos são confinados em pastos sem qualquer cuidado preventivo e, antes de sua soltura em disparada pela pista de competições, são irritados com choques, açoites, chicotadas e introdução de pimenta em suas narinas, e com a abertura do breque saem em alucinada corrida onde terão o rabo tracionado até uma possível queda. Na vaquejada, o sofrimento do animal é inerente, é certo.

Os maus-tratos a que necessariamente são acometidos os bovinos em razão da vaquejada traduzem flagrante violação do direito fundamental ao meio ambiente, afetando o valor da dignidade da pessoa humana, das gerações presentes e futuras, dentro de uma concepção que empodera os preceitos da ética ecológica e preservacionista.

Pode-se afirmar, de maneira categórica, que o meio ambiente ecologicamente equilibrado condiz à dignidade da vida em todas as suas formas, sendo este valor protegido constitucionalmente pelo §1º do artigo 225 da Constituição. Assim, sua afronta mediante práticas cruéis contra animais (no caso da vaquejada, contra bovinos) deve ser reprimida e combatida pelo Judiciário contra o aparato estatal legislativo e executivo e, sobretudo, contra uma visão antropocêntrica desordenada, como bem observado no documento papal Carta Encíclica Laudato Si do Santo Padre Francisco Sobre o Cuidado da Casa Comum.[11]

11 Ao mesmo tempo que podemos fazer um uso responsável das coisas, somos chamados a reconhecer que os outros seres vivos têm um valor próprio diante de Deus e, "pelo simples fato de existirem, eles O bendizem e Lhe dão glória", porque "o Senhor Se alegra em suas obras" (Sl 104/103, 31). Precisamente pela sua dignidade única e por ser dotado de inteligência, o ser humano é chamado a respeitar a criação com as suas leis internas, já que "o Senhor fundou a terra com sabedoria" (Pr 3, 19). Hoje, a Igreja não diz, de forma simplicista, que as outras criaturas estão totalmente subordinadas ao bem do ser humano, como se não tivessem um valor em si mesmas e fosse possível dispor delas à nossa vontade; mas ensina – como fizeram os bispos da Alemanha – que, nas outras criaturas, se poderia falar da "prioridade do ser sobre o ser úteis". O Catecismo põe em questão, de forma muito direta e insistente, um *antropocentrismo desordenado*: "Cada criatura possui a sua bondade e perfeição próprias. [...] As

Conclusão

A ética ecológica, compreendida no quadro dos direitos fundamentais ao meio ambiente, deve estar presente na ordem constitucional dos Estados Soberanos, como ocorre no Brasil, no texto do §1º do artigo 225. A decisão do STF na ADI 4.983, julgando inconstitucional a lei cearense, regulamentando a vaquejada, destaca um Estado Juiz vigilante, atento e cumpridor de sua responsabilidade ética ecológica, garantidor do direito fundamental ao meio ambiente.

Festejos e comemorações populares, como o caso da vaquejada, não obstante o desenvolvimento socioeconômico que proporcionam em várias regiões brasileiras, devem respeitar os cânones constitucionais, que reprimem toda e qualquer prática cruel e de maus-tratos a animais, particularmente, bovinos.

Referências bibliográficas

AIRES, Francisco. *Espetáculo do cabra macho:* um estudo sobre os vaqueiros nas vaquejadas do Rio Grande do Norte. Natal: Universidade Federal do Estado do Rio Grande do Norte, *2008.*

ALENCAR, José de. *O Sertanejo*. São Paulo: Martin Claret, 2011.

ALVES, Celestino. *Vaqueiros e Vaquejadas.* Natal: Universidade Federal do Estado do Rio Grande do Norte, 1986.

BENTHAM, Jeremy. *Uma introdução aos princípios da moral e da legislação.* São Paulo: Abril Cultural, 1974. (Os Pensadores).

CASCUDO, Luís da Câmara. *Dicionário do folclore brasileiro.* Belo Horizonte: Itatiaia, 1993.

diferentes criaturas, queridas pelo seu próprio ser, refletem, cada qual a seu modo, uma centelha da sabedoria e da bondade infinitas de Deus. É por isso que o homem deve respeitar a bondade própria de cada criatura, para evitar o uso desordenado das coisas". REIS, Émilien; BIZAWU, Kiwonghi. A Encíclica Laudato Si à Luz do Direito Internacional do Meio Ambiente. In *Veredas do Direito: Direito Ambiental e Desenvolvimento Sustentável*, Belo Horizonte, v. 12, n. 23, p. 37, out. 2015. Disponível em: <http://www.domhelder.edu.br/revista/index.php/veredas/article/view/598/439>. Acesso em: 02 fev. 2018.

______. *A vaquejada nordestina e sua origem*. Natal: Fundação José Augusto, 1976.

CHALFUN, Mery. A questão animal sob a perspectiva do supremo tribunal federal e os "aspectos normativos da natureza jurídica". In *Revista de Biodireito e Direito dos Animais*, v. 2, nº 2, 2016.

CUNHA, Euclides da. *Os Sertões*. São Paulo: Martin Claret, 2011.

DOURADO, Simone. O rural como fronteira do urbano: rodeios e vaquejadas nas interpretações do Brasil. In *Ideação*, v. 15, nº 2, 2015.

FELIX, F.; ALENCAR, F. O vaqueiro e a vaquejada: do trabalho nas fazendas de gado ao esporte nas cidades. Costa Rica: Revista Geográfica de América Central, 2011.

NETO, Silva *et al*. *Da decisão do STF acerca da inconstitucionalidade da lei estadual do Ceará* nº *15.299/2013 e suas peculiaridades em face de princípios constitucionais.* Trabalho de Conclusão de Curso. Universidade Federal do Rio Grande do Norte, 2016.

POSICIONAMENTO do CFMV sobre práticas realizadas para entretenimento que resultem em sofrimento animal. Portal CFMV, 2016. Disponível em: < http://portal.cfmv.gov.br/portal/noticia/index/id/4876>. Acesso em: 06 jul. 2017.

SUPREMO TRIBUNAL FEDERAL. Disponível em: <http://www.stf.jus.br/portal/processo/verProcessoAndamento.asp?incidente=4425243>. Acesso em: 06 jul. 2017.

Este livro foi composto com as famílias tipográficas Adobe Caslon, Frutiger, Gill Sans e Times New Roman
e impresso em papel Pólen Soft 80g/m² pela **Gráfica Santuário.**